一步一图
做汤羹

梓晴◎著

U0308080

北京科学技术出版社

图书在版编目（CIP）数据

一步一图做汤羹：每个步骤都有大图，这次一定能做好 ／ 梓晴著 .—北京：北京科学技术出版社，2016.9

ISBN 978-7-5304-8399-2

Ⅰ . ①一⋯ Ⅱ . ①梓⋯ Ⅲ . ①汤菜－菜谱②粥－食谱 Ⅳ . ① TS972.12

中国版本图书馆 CIP 数据核字（2016）第 117801 号

一步一图做汤羹：每个步骤都有大图，这次一定能做好

作　　者：梓　晴
责任编辑：邵　勇
责任印制：张　良
出 版 人：曾庆宇
出版发行：北京科学技术出版社
社　　址：北京西直门南大街16号
邮政编码：100035
电话传真：0086-10-66135495（总编室）
　　　　　0086-10-66113227（发行部）
　　　　　0086-10-66161952（发行部传真）
电子信箱：bjkj@bjkjpress.com
网　　址：www.bkydw.cn
经　　销：新华书店
印　　刷：北京宝隆世纪印刷有限公司
开　　本：720mm×1000mm　1/16
印　　张：9.25
版 印 次：2016年9月第1版第1次印刷
ISBN 978-7-5304-8399-2/T · 891

定价：29.80元

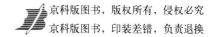

Preface 前 言

　　法国国王路易十四的御厨路易斯·古易在其著作《汤谱》中有一段传世之言："餐桌上是离不开汤的，菜肴再多，没有汤，犹如餐桌上没有女主人。"我身边的朋友也经常说："宁可食无肉，不可饭无汤。"看来，虽然肤色不同，语言不同，习惯不同，人们对汤的重要性的认识却是共同而无国界之分的。

　　你是否像我一样，曾经带着些许期待，些许好奇，无论喝过多少汤羹，总是期待味道最美的是下一款？可是，历经岁月沧桑，我们才发现自己最爱的不过就是那几款，它们好似深深的烙印牢牢地留存于我们心头，以至于现在每次再品尝时，我们都会吃出记忆中满足的、幸福的味道。

　　你会发现本书中的每款汤羹都似曾相识，而且都能唤醒你一段或深或浅的记忆：爸爸最爱的香浓牛骨汤，砂锅小火慢炖，几个小时的耐心等待得到的回报是美妙无比的醇香；妈妈岁数见长，爱美的心思却与日俱增，随着季节的变换，用银耳搭配不同的食材煲汤，原来看似平凡的糖水竟是堪比燕窝的美容佳品……不敢说本书中的汤羹都是经典，但是我相信你看到这些汤羹后，一定不会觉得陌生；不敢说本书囊括了所有汤羹，但是我相信其中定有你最爱的那一款。也许本书所拥有的，其实是你久久寻觅的曾经在某处留下的美好回忆——翻开本书，你将与它再次相逢！

　　人们常说，一个女人可以不会做饭，但是不能不会煲汤。所以，在我看来，汤是美味，更是幸福的源泉。愿你在本书中找到属于自己的幸福！

梓　晴

Email：ziqing_sf@163.com

Blog：http://blog.sina.com.cn/wqsf

目录 *Contents*

PART 1
慢火靓汤

5 蟹味菇玉米排骨汤
6 松茸鸽子汤
7 杂菌鲜鸡汤
8 鲫鱼豆腐汤
10 莲藕排骨汤
11 冬瓜大骨汤
12 黄豆猪蹄汤
13 青豆鱼头汤
14 香浓牛骨汤
15 萝卜猪骨汤
16 番茄牛腩汤
18 板栗花生鸡脚汤
19 羊肉汤
20 苦瓜大蒜排骨汤
22 苹果雪梨瘦肉汤
23 淮山药红枣乌鸡汤
24 滋补老鸭汤
26 春笋煲鸡汤
27 岩耳土豆排骨汤
28 四神汤

PART 2
家常汤羹

30 榨菜肉丝蛋花汤
31 腊肉油豆腐暖汤
32 生汆丸子三鲜汤
34 西红柿疙瘩汤
36 西湖牛肉羹
38 酸辣肚丝汤
40 白蛤豆腐汤
41 鸡汤青菜钵
42 苦瓜三鲜汤
44 海米萝卜丝汤
45 油条丝瓜汤
46 萝卜丸子汤
48 口蘑四宝汤
49 猪肝菠菜汤
50 海带豆腐里脊汤
51 草菇丝瓜肉片汤
52 雪菜肉丝汤
54 木耳蛋花汤

55 酸菜芋头汤
56 鸡蛋三鲜汤
58 紫菜蛋花汤
59 西红柿鸡蛋汤
60 豉汁豆腐汤
62 娃娃菜肉丸汤
64 咸菜黄鱼羹
66 菠菜鸡蛋汤
67 干虾咸菜汤
68 折耳根排毒汤
70 西红柿土豆汤
72 什锦豆干酸辣汤
74 鸡汤白菜卷
76 西施豆腐汤
77 火腿冬笋汤
78 萝卜连锅汤
80 鸭血粉丝汤
82 萝卜丝蛋汤

PART 3
异国浓汤

84 韩式泡菜豆腐汤
86 韩式海鲜大酱汤
88 意式田园蔬菜汤
90 土豆泥汤
92 番茄蔬菜浓汤
94 咖喱牛肉汤
96 奶油南瓜汤
97 培根蔬菜汤
98 芦笋浓汤
100 罗宋汤
102 日式豆腐蘑菇酱汤
103 法式洋葱汤
104 西班牙香蒜汤
106 奶油蘑菇浓汤

PART 4
暖心香粥

108 香菇鱼片粥
109 香芋排骨粥
110 生菜碎肉粥
111 什锦鱼丸粥
112 滑蛋牛肉粥
113 皮蛋鸡丝粥
114 五彩水果冰粥
116 砂锅青菜粥
117 养肝四宝粥
118 家常鸡粥
119 百合南瓜粥
120 绿豆银耳粥

121 香菇肉蛋粥
122 腊八粥
124 干贝鸡丝粥
125 山楂消脂粥
126 止咳川贝水梨粥
127 沙茶牛肉粥
128 广东鸡茸粥
129 糙米蔬菜粥
130 皮蛋瘦肉粥

PART 5
滋味甜汤

132 银耳莲子百合汤
134 银耳南瓜汤
135 银耳木瓜糖水
136 番薯糖水
137 冰糖莲子绿豆沙
138 酒酿紫薯珍珠小丸子
140 椰汁木瓜炖燕窝
142 年糕红豆沙
143 奶香玉米甜汤
144 杏仁水果西米露
145 海带绿豆糖水
146 什锦水果羹

蟹味菇玉米排骨汤

这款蟹味菇玉米排骨汤，一截截玉米鲜嫩香甜，一块块肉排松酥可口，再加上蟹味菇独特的鲜味以及小油菜的清香，不只是营养全面，味道更是妙不可言。

原料

排骨 250 克，玉米 1 根，蟹味菇 50 克，小油菜 50 克，枸杞 15 克，生姜 1 块，盐适量

步骤

1 锅中放入冷水和排骨，大火煮开，待有很多浮沫出现后捞出排骨，用温水冲洗干净备用。

2 玉米洗净切段，蟹味菇洗净分成小朵，小油菜洗净备用，生姜洗净切片。

3 砂锅中放入适量清水，加入焯过水的排骨、洗净的玉米段和生姜片，大火煮开后转小火继续煮 1.5 小时。

4 加入蟹味菇和枸杞，继续用小火煮半小时。

5 加入小油菜煮 2 分钟，出锅前调入少许盐即可。

梓晴小·叮咛

1. 炖汤最好选用骨多肉少的肋排、腔骨或棒骨，经过长时间煲煮后，骨头释放出来的营养素将溶解于汤中，这是大多数原料所无法企及的。

2. 蟹味菇不用煮太长时间，在排骨汤快煮好的时候放入即可。

3. 小油菜不能煮太久，一定要最后放入，略微煮软即可。

松茸鸽子汤

　　松茸富含粗蛋白、粗脂肪、粗纤维和维生素,不但味道鲜美,而且具有滋养肠胃、理气化痰、驱虫及治疗糖尿病等功效。

　　我国民间有"一鸽胜九鸡"的说法,鸽肉是一种高蛋白、低脂肪的食品,鸽肉的蛋白含量超过兔肉、牛肉、猪肉、羊肉、鸡肉、鸭肉、鹅肉和狗肉等肉类,但其脂肪含量仅为0.73%,低于其他肉类,因此被誉为"动物人参"。

●原料

◎ 鸽子1只,松茸20克,枸杞10克,生姜3片,黄酒、盐适量

步骤

1 松茸提前用水泡发至软,倒掉水底的残渣。

2 鸽子去掉内脏,用流动的水清洗干净。

3 将鸽子放入凉水锅中,加入少许黄酒,大火煮至水开。

4 待锅中漂起浮沫后捞出鸽子,用温水冲洗干净。

5 砂锅中加入适量水,放入姜片和焯好的鸽子,煮半小时。

6 加入泡好的松茸和枸杞继续煮半小时,出锅前调入少许盐即可。

梓晴小·叮咛

松茸烹炒或煲汤前需要在40℃的温水中浸泡20分钟左右,软化后再加工制作成美味佳肴。

杂菌鲜鸡汤

煲这道汤时，最好选用土鸡。与饲料鸡相比，土鸡不仅口感更好，煮出的汤味道更浓，而且含有更加丰富的氨基酸，能够增强我们的体质，提高我们的免疫力。

原料

◎ 土鸡 1 只，鸡腿菇 100 克，蟹味菇 50 克，真姬菇 50 克，老姜 1 块，盐适量

步骤

① 将宰杀好的土鸡去掉内脏，清洗干净，去掉鸡屁股。

② 用剪刀剪掉鸡趾甲。

③ 将各种菌分别洗净切好，老姜洗净切片。

④ 砂锅中加入适量凉水，再放入处理好的土鸡，大火煮开，小心地撇去浮沫。

⑤ 放入老姜片，转小火煲 1 小时。

⑥ 放入各种菌，继续用小火煲 20 分钟左右，喝的时候调入少许盐即可。

梓晴小叮咛

1. 鸡肉并不是越新鲜越好，刚宰杀的鸡体内会自然释放多种毒素，细菌繁殖迅速，应先将其放入冰箱冷冻室冻 3～4 小时再取出解冻炖汤，这跟排酸肉的原理是相同的。这时的肉质最好，煲出的鸡汤味道最鲜美。

2. 鸡身上的某些部位会影响汤的色泽和味道，将这些部位去掉是煲制鲜美鸡汤的关键。这些部位包括：

　　鸡的内脏，如肝、肫、肺、心等。它们可以用于其他菜肴，但煲鸡汤时一定要去除。

　　鸡爪上的趾甲。鸡趾甲里存有大量的细菌，不利于人体健康。

　　鸡的鼻子。鸡鼻子位于鸡的嘴和眼睛之间，不去除的话，鸡汤会有异味。

　　鸡的屁股。这个部位可以多切除一些，煲鸡汤时尤其不能留用。

3. 煲鸡汤宜冷水下锅，而且水要一次加足。让原料随着水温的慢慢升高而充分释放营养与香味，切忌中途随意加水。煲鸡汤时，应先用大火煮约 10 分钟，然后打开盖子，在沸腾的状态下撇去水中的浮沫，这样煮出来的鸡汤才会洁白清澈，无任何杂质。撇掉浮沫后，再转文火，转文火后就不要随便揭盖了，"跑了气"的汤就没了原汁原味。

4. 从某种意义上来说，放盐的时间能够决定鸡汤的口味。盐若放得过早，就会与鸡肉发生化学反应，使鸡肉里的蛋白质凝固，这样不仅汤味淡，肉也炖不烂。所以，盐和别的调味品一定要在鸡汤炖好后再放。

鲫鱼豆腐汤

　　鲫鱼有健脾利湿、和中开胃、活血通络、温中下气之功效，经常食用可补充营养，增强抵抗力。妇女产后炖食鲫鱼汤，既可以补虚，又可以通乳催奶。

　　豆腐营养丰富，含有铁、钙、磷、镁等人体必需的微量元素，还含有糖类、植物油和丰富的优质蛋白，消化吸收率达95％以上，素有"植物肉"之美称。

原料

◎ 鲫鱼2条，嫩豆腐100克，生姜1块，香菜少许，料酒、盐适量

步骤

1 鲫鱼宰杀后去鳞去内脏，并用流动水洗净。

2 鱼肚中的黑膜要清洗干净，否则会有腥味。

3 鲫鱼的咽喉齿（位于鳃后咽喉部的牙齿）要去掉，否则炖出的鱼汤会有腥味。

4 图中右下角的物体，即为取出的咽喉齿。

5 鱼鳍也要剪掉。

6 将处理干净的鲫鱼用料酒、少许盐腌渍片刻。

7 豆腐切成厚约1厘米的片状备用。

8 生姜洗净切片备用，香菜洗净备用。

9 用厨房纸擦去鲫鱼表面多余的水分。

10 锅中放适量油加热，放入姜片爆香。

11 将鲫鱼放入锅中，煎至两面金黄。

12 砂锅中加入开水或先将砂锅中的冷水烧开，再放入姜片和煎好的鲫鱼，用大火煮开。

13 转小火炖1小时。

14 加入豆腐片继续煮5分钟，出锅前调入少许盐，撒上香菜即可。

梓晴小·叮咛

1. 在煎鲫鱼之前，一定要将鲫鱼表面的水分擦干，否则煎的时候鱼不仅容易粘锅破皮，而且锅中也容易溅出油花。

2. 要想保证鱼皮完整，可以先将锅烧热，再倒入油。特别要注意的是，在煎鱼的过程中，一定要待一面煎好后，再翻过去煎另一面，不要来回翻动，否则鱼很容易散碎。

3. 要想煲出白色的鱼汤，可以在煎完鱼后冲入开水，水油融合后汤就容易变白。如果用砂锅煲鱼汤的话，可以提前将砂锅中的冷水烧开，鱼煎好马上放入煮沸的水中。

4. 汤中的鱼肉同样很有营养，不要丢弃，可以蘸着海鲜酱油或盐食用。

5. 最后在汤里撒上一些香葱或香菜，汤的味道会更好。

6. 这道汤里的豆腐最好选用嫩豆腐，也就是常说的南豆腐，口感会更好。

莲藕排骨汤

　　生吃鲜藕能清热去火，解渴止呕；煮熟的藕味甘性温，而且富含铁质，能健脾开胃、益血补心，有消食、止渴、生津的功效。猪排骨则具有滋阴润燥、益精补血的功效，与莲藕同煮就是一道营养丰富且味美无比的汤。

原料

◎ 排骨 750 克，莲藕 500 克，生姜 1 块，盐适量

步骤

1 锅中放入冷水和排骨，大火煮开。

2 待煮出很多浮沫后捞出排骨，用温水将排骨洗净。

3 莲藕切去两头的蒂，去皮清洗干净。

4 莲藕切大块，生姜去皮切片。

5 砂锅中加入适量水，放入莲藕块、生姜片和焯过水的排骨。

6 大火煮开再转小火煮2 小时，出锅前加少许盐调味即可。

梓晴小叮咛

1. 莲藕有两种，一种颜色偏红，一种颜色偏白。煲汤时最好选偏红的，这样煲出来的藕才够面！

2. 莲藕顶部的第一节称为荷花头，维生素含量高，纤维含量低且味道最好，适合生吃。生吃莲藕有清热的功效，尤其适合身体燥热之人或痤疮患者食用。莲藕的第二节和第三节较老，最好用来炖，其余各节肉质太粗，只适合煲汤。

3. 莲藕切块后放入淡盐水中浸泡一下，这样不易变色，放入砂锅煮汤之前冲洗一下即可。

4. 藕眼里的泥沙是很难清洗干净的，所以购买时要选择两端藕节均完整的莲藕，这样藕眼里才不会有灌进的泥沙。

冬瓜大骨汤

棒骨里的骨髓营养丰富，除了含有蛋白质、脂肪、维生素以外，还含有大量磷酸钙。因此，棒骨汤是极好的营养汤品。

原料

猪棒骨 800 克，冬瓜 500 克，生姜 1 块，盐适量

步骤

1. 棒骨洗净，与切好的姜片一起放入冷水锅中，大火煮开。

2. 待锅中有很多浮沫出现后捞出棒骨，用温水洗净。

3. 冬瓜去皮去瓤，并切成厚片备用。

4. 砂锅中放入适量水，将焯过水的棒骨和姜片一起放入。

5. 大火煮开，然后转小火煮 1.5 小时。

6. 加入冬瓜片继续煮 20 分钟，调入少许盐即可。

棒晴小叮咛

1. 买棒骨时可请商家将其斩成两段。棒骨一定要斩断以露出骨髓，这样才能让骨髓更充分地溶解于汤中。
2. 如果想让大骨汤味道更浓郁，可以加入一个鸡架同煮。
3. 冬瓜不要切得太薄，而且要最后放入。放入冬瓜后，再煮 20 分钟即可。

黄豆猪蹄汤

猪蹄中含有丰富的胶原蛋白、脂肪和碳水化合物，可加速新陈代谢，延缓肌体衰老，对哺乳期妇女能起到催乳和美白的双重作用。黄豆含有丰富的营养素，具有增强机体免疫功能、防止血管硬化、治疗缺铁性贫血、降糖降脂的功效。

原料

◎ 猪蹄 600 克，黄豆 50 克，生姜 1 块，盐适量

步骤

猪蹄斩小块，用流动水清洗干净，放入冷水锅中，大火煮开。

待有很多浮沫出现后捞出猪蹄块，用温水冲洗干净。

黄豆提前 1 小时用清水浸泡，生姜洗净切片备用。

砂锅中放入适量水，将焯过水的猪蹄块、泡好的黄豆和切好的姜片一起放入。

大火煮开后转小火煮2 小时，出锅前调入少许盐即可。

梓晴小叮咛

1. 一定要选用新鲜的猪蹄。新鲜猪蹄颜色粉红，颜色发白的猪蹄可能被长时间浸泡过，颜色发乌的猪蹄就是不新鲜的了。

2. 在正规的肉制品商店或者超市购买的猪蹄都经过了去污、去毛、洗净等程序，可以省不少事。

3. 如果喜欢吃肉的话，就可以选择前蹄；如果喜欢啃骨头的话，就可以选择后蹄。

4. 可以根据个人喜好添加红枣、花生等食材。

5. 有些人不太喜欢吃炖汤的排骨或猪蹄，那就可以把上面的肉剥下来，切成小块，加入适量盐、生抽、香油、醋和辣椒油等调料，制作一道可口的凉拌菜。

青豆鱼头汤

鱼头肉质细嫩、营养丰富，除了含有蛋白质、脂肪、钙、磷、铁、维生素 B_1 之外，还含有鱼体肉所缺乏的卵磷脂，可以增强记忆力、思维能力和分析能力。鱼头还含有丰富的不饱和脂肪酸，可使大脑细胞异常活跃，大大增强人的推理能力和判断能力。因此，常吃鱼头不仅能健脑，而且能延缓脑力衰退。另外，鱼鳃下的肉呈透明的胶状，富含胶原蛋白，能够对抗人体老化以及修复身体细胞组织。

原料

◎ 鲢鱼头 800 克，青豆 50 克，口蘑 100 克，生姜 15 克，香菜 5 克，盐适量

步骤

① 鲢鱼头刮掉鱼鳞，剪掉鱼鳍。

② 鲢鱼头对半剖开，去除鱼鳃。

③ 用清水反复冲洗，特别是要将鱼头中的黑膜洗净。

④ 控干水分，并用厨房纸将鱼头表面擦干。

⑤ 锅中放入适量油，将鱼头煎至金黄，沥干油分。

⑥ 口蘑洗净后一切两半，生姜去皮切片，香菜洗净。

⑦ 砂锅中放入适量开水，放入煎好的鱼头和生姜片。大火煮开，再转小火煮 1 小时。

⑧ 放入口蘑和青豆继续煮 10 分钟，出锅前加盐调味，撒上香菜即可。

 梓晴小·叮咛

1. 在倒油煎鱼头之前，可以先用姜片将煎锅内部擦拭一遍，这样能避免煎鱼头时油花四溅。
2. 用鱼和鱼头煲汤，都需要先油煎，再倒入开水炖煮。这样，煮好的汤会呈奶白色且鲜香浓郁。
3. 汤呈奶白色是油和水充分融合的结果，不建议在汤中倒入牛奶或奶粉，否则煮汤时会出沫，影响汤的成色。

香浓牛骨汤

牛骨富含磷酸钙、碳酸钙、骨胶原等成分，具有补肾壮骨、温中止泻的功效。

●原料

◎ 牛大骨 1200 克，牛肋条肉 600 克，生姜 20 克，大葱 30 克，盐适量

步骤

1 牛大骨剁成小块，牛肋条肉切成 3 厘米见方的小块，用流动水冲洗干净。

2 牛大骨和牛肋条肉放在凉水中浸泡大约 1 小时后捞出。

3 牛大骨和牛肋条肉放入冷水锅中，大火烧开，待有很多浮沫出现后捞出。

4 用温水将牛大骨和牛肋条肉冲洗干净。

5 砂锅中加水，放入牛大骨、生姜片和大葱段。大火煮开，再转小火煮 3 小时。

6 加入牛肋条肉，继续煮 2 小时。

7 用勺子捞出浮在上面的油脂和泡沫，调入少许盐即可。

梓晴小·叮咛

1. 牛大骨要斩成小块，露出骨髓，这样才能让精华全部融入汤中。
2. 牛骨头较硬，家中的菜刀很难将其剁开，最好在买的时候请商家代劳。
3. 牛肉、牛骨血污多，直接放入汤锅中煮开打浮沫的话不容易将血水彻底清除，这样煲出的汤会有腥味。所以，一定要提前焯水，并清洗干净，以保证最后的成汤味道醇美。
4. 用牛大骨煮出奶白色的汤，需要的时间会比用猪骨煲汤的时间长，至少需要 3 小时以上。
5. 如果在骨汤中滴入几滴醋，骨头内的钙质就更容易融入汤内，这种方法对于其他骨汤同样有效。
6. 如果想省事，可以用电紫砂煲定时慢炖。用普通高压锅炖出的骨头汤不是奶白色的，而是比较清澈的。
7. 市场上买的牛骨或羊骨虽剔得较干净，但煲汤的味道不会受太大影响；如果加入少许牛肉，味道会更鲜美。
8. 牛骨汤油较大，喝之前用勺子捞出浮在表面的油脂和泡沫，调入少许盐即可。

萝卜猪骨汤

萝卜中的 B 族维生素和钾、镁等矿物质可促进肠胃蠕动，有助于排出体内废物。吃萝卜还可降血脂、软化血管、稳定血压，预防冠心病、动脉硬化、胆结石等疾病。

棒骨里的骨髓营养丰富，不仅可以强健人体骨骼，还可以增强人体免疫力。

原料

猪棒骨 800 克，白萝卜 300 克，生姜 1 块，盐适量

步骤

1 买猪棒骨的时候请商家剁成小块，露出骨髓。猪棒骨用流动水洗净，放入冷水锅中。

2 大火煮开，直至有很多浮沫出现。

3 捞出猪棒骨，用温水冲洗干净备用。

4 白萝卜去皮切厚片，生姜洗净切片。

5 砂锅中放入适量水，再放入猪棒骨和切好的姜片，大火煮开后转小火煮 1.5 小时。

6 加入白萝卜继续煮 20 分钟，出锅前调入少许盐即可。

 梓晴小·叮咛

猪棒骨一定要斩断以露出骨髓，这样才能让骨髓更好地溶解于汤中。

萝卜不要切得太薄，而且要最后放入，否则很容易煮烂。放入萝卜后，再煮 20 分钟即可。

番茄牛腩汤

番茄中的番茄红素具有独特的抗氧化能力，能清除自由基，保护细胞，阻止癌变进程。番茄还含有维生素 C，有生津止渴、健胃消食、凉血平肝、清热解毒、降低血压之功效。

牛肉则富含蛋白质，能提高机体的抵抗力，有助于促进人体的生长发育。此外，牛肉还有补中益气、滋养脾胃、强健筋骨等功效。

原料

◎ 牛腩 800 克，番茄 500 克，土豆 300 克，胡萝卜 200 克，洋葱 150 克，大葱 30 克，生姜 20 克，八角 2 个，桂皮 1 段，香叶 2 片，盐适量

步骤

① 牛腩洗净切成 3 厘米见方的小块；番茄去皮，2/3 切小丁，1/3 切大块；土豆、胡萝卜洗净去皮切块；洋葱、生姜切片；大葱切段。

② 切好的牛腩放入冷水锅中，大火煮开，直至有很多浮沫出现。

③ 捞出牛腩，用温水冲洗干净备用。

④ 锅中倒入适量油加热，将切好的番茄丁倒入翻炒。

⑤ 不停地翻炒番茄丁，直至炒成黏稠的汤汁状。

⑥ 将炒好的番茄及汤汁盛入碗中备用。

⑦ 砂锅中加入适量水，再放入牛腩、大葱段、生姜片、八角、桂皮、香叶，大火煮开，再转小火煮半小时。

⑧ 加入炒好的番茄及汤汁，继续煮 1 小时。

⑨ 加入切好的番茄块、洋葱片、胡萝卜块、土豆块，煮半小时，直至所有原料软烂，调入适量盐即可出锅。

梓晴小·叮咛

1. 牛肉血污多，放入锅中焯水的时间可以稍微长一些，然后用温水彻底清洗干净，这样才能保证最后的成汤味道醇美。

2. 各种蔬菜不能跟牛肉同时下锅，否则等牛肉煮好后，蔬菜早已经煮烂了。等牛肉煮至用筷子能轻松扎透时，再放入各种蔬菜同煮即可。

3. 番茄最好分别切成小丁和大块，这样既可以保证汤汁浓郁，又可以吃到大块的西红柿。

板栗花生
鸡脚汤

原料

◎鸡爪 200 克，猪骨或瘦肉 100 克，花生米 50 克，带壳板栗 100 克，生姜 1 块，白胡椒粉适量，盐适量

步骤

1 花生米用温水泡 20 分钟，然后洗净，沥干水分。

2 板栗去壳，入沸水煮 3 ~ 5 分钟。

3 板栗捞出后放入凉水中，面上的那层皮即可轻松剥去。

4 新鲜鸡爪剪去趾甲，与猪骨一起放入锅中焯水。

5 待焯出血沫后捞出，用温水洗净，生姜也去皮切片。

6 砂锅中加入适量水，放入除板栗、白胡椒粉和盐以外的所有原料，大火煮开，再转小火煮 1.5 小时。

7 加入板栗继续煮半小时，调入少许白胡椒粉和盐即可出锅。

梓晴小·叮咛

1. 板栗可以选择新鲜带壳的，回来自己去壳。如果怕麻烦，也可以去超市买已经去皮的板栗仁，煲出的汤味道同样鲜美。

2. 板栗不要跟鸡爪、瘦肉同时下锅，否则会被煮化，最后半小时放入刚好。

3. 加入猪骨或瘦肉会使煲出的汤更鲜甜，千万不要省去哦。

4. 汤中的板栗、花生也可以换成红枣、眉豆、节瓜、木瓜等，风味各有不同。

羊肉汤

　　这道汤就是西北著名的水盆羊肉，香浓的羊肉汤加上煮好的羊肉，再加上粉丝、香菜、香葱，吃的时候配上刚出炉的烧饼，汤香肉烂烧饼酥脆，味道美妙极了。

原料

© 羊腿肉1000克，豆腐100克，木耳50克，粉丝1把，花椒10克，小茴香10克，桂皮6克，香叶4片，草果4个，生姜30克，香菜、香葱、盐适量

步骤

1 羊腿肉斩大块，用流动水反复清洗并刮去污垢。

2 羊腿肉放入冷水锅中，大火煮开，直至有很多浮沫出现。

3 捞出羊肉块，用温水冲洗干净备用。

4 花椒、桂皮、小茴香、草果、香叶用纱布包好制成调料包，生姜洗净切片。

5 砂锅中加入适量水，放入焯过水的羊肉块、调料包和姜片，大火煮开。

6 转小火煮3小时，煮至筷子能够轻松扎透即可。

7 捞出调料包，加入切好的豆腐块、木耳和泡软的粉丝，继续煮5分钟，调入适量盐。

8 关火捞出羊肉块，切成薄薄的小片，放入碗中；捞出粉丝、木耳和豆腐块放入碗中；浇上羊肉汤，撒上香葱和香菜即可。

梓晴小叮咛

　　羊肉（特别是山羊肉）膻味较大，煮的时候放个山楂或加一些萝卜、绿豆，炒的时候放葱、姜、孜然等佐料可以祛除膻味。

苦瓜大蒜排骨汤

　　大蒜是一种十分常见的食物，既可以生吃，也可以调味。大蒜有调节胰岛素、抗癌防癌、降低血脂、防止血栓、延缓衰老、预防铅中毒、抗炎灭菌等特殊功效，被美国的《时代周刊》评为十大最佳营养食品之一。

　原料

◎ 排骨 500 克，苦瓜
　200 克，大蒜 20 克，
　生姜 15 克，盐适量

1 苦瓜洗净，对半剖开，挖去瓜瓤，切成菱形小块。

2 切好的苦瓜块放入淡盐水中浸泡片刻。

3 泡过的苦瓜块放入沸水中焯烫，然后捞出。

4 锅中放入冷水和排骨，大火煮开，直至有很多浮沫出现。

5 捞出排骨，用温水冲洗干净备用。

6 生姜去皮切片，大蒜去皮。

7 砂锅中加入适量水，放入焯过水的排骨、大蒜和姜片，大火煮开。

8 转小火煮1小时。

9 放入焯过水的苦瓜块继续煮1小时，出锅前加少许盐调味即可。

梓晴小叮咛

1. 煲汤的排骨，最好选用骨多肉少的肋排或腔骨。煲汤时，应用小火熬炖出骨髓的精华，这是汤汁鲜美又有营养的关键。

2. 苦瓜内的白色瓤很苦，要尽量去除干净。

3. 苦瓜经过盐水浸泡并焯水后，苦味会去掉不少。如果喜欢苦味，可以省略此步骤。

4. 如果想让苦瓜的口感更绵软，可以将苦瓜与排骨同时下锅；如果喜欢爽脆的口感，则可以在最后半小时放入苦瓜。

苹果雪梨瘦肉汤

这款汤清心润肺、温补脏腑，是一款四季皆宜的汤品。

原料

瘦肉 500 克，雪梨 1 个（约 300 克），苹果 1 个（约 150 克），南北杏仁各 10 克，无花果干 5 克，红枣 6 颗，枸杞 3 克，生姜 10 克，盐适量

步骤

1 瘦肉切大块，放入冷水锅中。

2 大火煮开，直至有很多浮沫出现。

3 捞出瘦肉块，用温水冲洗干净备用。

4 雪梨和苹果洗净去核切瓣，生姜洗净去皮切片。

5 砂锅中加入适量水，然后放入除盐以外的所有原料，大火煮开。

6 转小火煮 2 小时，出锅前加入少许盐调味即可。

 梓晴小·叮咛

1. 秋冬空气干燥，这款汤润肤润肺补脏腑；春夏人体内积聚了不少火气，这款汤清热化痰，让火气全消。所以，这是一款四季皆宜的汤品。

2. 苹果能生津止渴，雪梨则润肺消燥、清热化痰，虽然脾虚的人不宜多食，但与滋养补虚的瘦肉配伍，则无需多虑，为老少皆宜的汤品。

3. 无花果性味甘平，具有清热解毒的功效，是煲汤的常用配料。如果没有也可不放，或用蜜枣代替。

淮山药红枣乌鸡

乌鸡是营养价值极高的滋补品，含有丰富的蛋白质、B 族维生素等营养素；乌鸡肉中的血清蛋白和球蛋白含量均明显高于普通鸡，氨基酸和铁元素含量也明显高于普通鸡。

原料

乌鸡 800 克，淮山药 250克，红枣 8 颗，枸杞 5 克，干百合 5 克，参须 2 根，生姜 1 块，盐适量

步骤

1 将乌鸡洗净斩成大块，放入凉水锅中煮开。

2 待有浮沫出现后捞出乌鸡块，用温水洗净。

3 淮山药去皮切滚刀块，生姜去皮切片。

4 砂锅中加入沸水，放入除淮山药和盐以外的所有原料。

5 大火煮开，然后转小火煮 1 小时。

6 加入淮山药继续煮半小时，出锅前调入适量盐即可。

梓晴小·叮咛

1. 山药的黏液可能让手发痒，那是皂角素导致的过敏反应，削皮时戴上手套就可以避免。如果已经沾上黏液，可以把手洗干净，在上面涂满醋，连指甲的缝隙都要涂哦，过一会儿这种痒感就会渐渐消失。

2. 山药去皮后很容易氧化变黑，这是因为其中的内酚类物质与空气中的氧气发生了氧化反应，生成了带有颜色的醌类物质。只要切块后马上把山药放入水中，就可避免这种情况。

3. 炖过汤的乌鸡肉同样很有营养，所以最好将鸡肉也吃掉。

滋补老鸭汤

　　鸭肉含蛋白质、脂肪、碳水化合物、各种维生素及矿物质等营养素，不但可以补充人体必需的多种营养成分，还可以祛除暑热、保健强身，对身体虚弱多病者更为适宜。懂得养生之道的人都喜欢在寒冷的天气喝上一碗用老鸭煲的汤。

原料

老鸭 800 克，山药 300 克，大枣 20 克，枸杞 5 克，党参 2 克，当归 15 克，百合 10 克，莲子 5 克，芡实 10 克，白果 10 克，生姜 30 克，盐适量

慢火靓汤　家常汤羹　异国浓汤　暖心香粥　滋味甜汤

步骤

1 鸭子洗净，切成大块。

2 白果去壳，放在水中浸泡后去掉果仁外的薄皮。

3 切好的鸭块放入冷水锅中，大火煮开。

4 待有很多浮沫出现后捞出鸭块，用温水冲洗干净。

5 山药去皮切滚刀块，莲子去心，姜去皮切片备用。

6 炒锅中不用放油，直接放入鸭块翻炒。

7 炒至鸭块表皮略微焦黄，且闻不到鸭的腥味时关火。此时鸭肉的水分已收干，鸭油也已炒出。

8 炒好的鸭块如图所示，表皮略微焦黄。

9 炒好的鸭块和除山药、盐以外的所有原料放入炖锅中，加水至没过原料，大火煮开，再转小火炖约1小时。

10 放入山药块继续炖半小时，出锅前加入盐调味即可。

梓晴小·叮咛

1. 老鸭汤当然得选老鸭子，一般来说要选鸭龄在一年以上的鸭子，这样的鸭子比较容易去掉腥味。

2. 将鸭块放入不放油的炒锅里干炒，把鸭油煸炒出来，这样不但能使汤不油腻，而且能去掉鸭的腥味。

3. 鸭子的油分比较多，煲好后应该将煮出的鸭油撇掉，这样能使煲出的汤颜色更透亮，口感也更清爽。

4. 煲老鸭汤时还可以在汤中放入酸萝卜、陈皮、白果、木瓜、鲜笋等，风味各不相同。

春笋煲鸡汤

原料

○ 土鸡 800 克，春笋 400 克，生姜 20 克，绍酒、鸡精、盐、白胡椒粉适量

步骤

○ 土鸡用流动水冲洗干净，去除鸡头和鸡屁股，再剁成 3 厘米见方的小块；生姜洗净切片。

○ 春笋剥去外皮，切成 5 厘米长的段，再对半剖开切成 1 厘米宽的小条。根部较老的部分先用刀背拍打数下，使其中的粗纤维变松散再切。

○ 切好的春笋放入沸水中焯煮 2 分钟，然后捞出沥干水分备用。

○ 汤锅中倒入足量热水，大火烧沸后放入鸡肉块焯煮大约 8 分钟。

○ 待焯出血沫后，捞出鸡肉块，并用热水冲洗干净，沥干水分备用。

○ 砂锅中加入 2000 毫升热水，再放入鸡肉块、春笋、生姜和绍酒，大火烧沸后转小火慢煮约 1.5 小时。

○ 在汤锅中调入鸡精、盐和白胡椒粉，混合均匀后再煮 5 分钟即可出锅。

梓晴小叮咛

1. 春笋虽然好吃，但含有较多的草酸钙，容易引发结石，并会阻碍钙和锌的吸收，患有结石病的人以及处于生长发育阶段的儿童应尽量少食或不食。

2. 将春笋提前用水焯煮一下可以去掉大部分草酸钙，这样不仅口感好，也更健康。

3. 煮好的鸡肉块可以蘸海鲜酱油或者少许盐吃，也可以撕成丝，做成麻辣鸡丝哦！

岩耳土豆排骨汤

原料

- 排骨 600 克，土豆 1 个（约 400 克），岩耳 20 克，生姜 15 克，盐适量

步骤

1 岩耳用温水浸泡 10 分钟。

2 泡至如图所示的状态即可。

3 岩耳放入淘米水中揉搓掉附着的沙石，并用清水洗净。

4 土豆去皮切大块，生姜去皮切片。

5 锅中放入冷水和排骨，大火煮开，待有很多浮沫出现后捞出排骨，用温水洗净。

6 砂锅中加入适量水，放入排骨和姜片，大火煮开再转小火煮 1.5 小时。

7 放入土豆块继续煮 20 分钟。

8 放入岩耳同煮 10 分钟，出锅前加少许盐调味即可。

梓晴小·叮咛

1. 岩耳有去热清火、滋补身体的功效，特别适合与各种肉类一起煲汤。
2. 岩耳生长在砂岩绝壁上，所含沙石较多，因此在下锅之前需要用淘米水仔细清洗干净。
3. 岩耳煮的时间不宜过长，所以出锅前 10 分钟放入即可。
4. 如果没有岩耳，用木耳代替也同样健康味美，木耳不但可以益胃，还可以润燥。

四神汤

四神汤是薏仁、莲子、芡实和茯苓汇集在一起煲成的汤，这道汤对人体有诸多益处，如养颜、清火、利尿等。

原料

瘦肉 300 克，薏仁 30 克，莲子 30 克，芡实 20 克，茯苓 10 克，米酒 15 毫升，生姜 1 块，盐适量

步骤

1 瘦肉切大块，放入冷水锅中。

2 大火煮开，直至有很多浮沫出现。

3 捞出瘦肉块，用温水冲洗干净。

4 薏仁、莲子、芡实和茯苓用清水冲洗干净，生姜洗净去皮切片。

5 砂锅中加入足量水，放入除米酒和盐以外的所有原料。

6 大火煮开后转小火继续煮 2 小时。

7 出锅前加入米酒和盐调味即可。

梓晴小·叮咛

1. 四神汤中的药材含有大量淀粉，口感比较涩，在汤中适量添加含蛋白质较多的食材，可以增加润滑感，如加入猪肚、猪骨、猪排骨、瘦肉等；素食者可选用豆制品来搭配。

2. 猪肚、猪小肠的腥味很重，若选用猪肚、猪小肠的话，清洗时一定要用面粉反复搓洗。另外，啤酒也是清洗猪肚和猪小肠的好材料。

3. 有的干莲子带有苦芯，所以清洗莲子时应该查看一下，如果有苦芯可用细针拨出。

家常汤羹

PART 2
Jiachang Tanggeng

榨菜肉丝蛋花汤

榨菜含有丰富的蛋白质、胡萝卜素、膳食纤维、矿物质等，不但能健脾开胃，还能补气添精、增食助神。

原料

榨菜 50 克，肉丝 50 克，豌豆苗 20 克，鸡蛋 1 个，浓汤宝(鸡汤口味) 1 个（有高汤更好），淀粉、胡椒粉、生姜粉、盐、香油适量

步骤

榨菜和豌豆苗分别用流动水清洗干净，榨菜切成丝。

肉丝用少许盐、淀粉、生姜粉腌渍；鸡蛋打入碗中，搅打成蛋液，加入少许盐备用。

锅中倒入少许油加热，倒入腌渍好的肉丝翻炒至变色。

放入榨菜丝翻炒片刻，加入适量水和浓汤宝大火烧开。

汤中加入水淀粉勾芡至稠。

缓缓淋入蛋液，并用铲子轻轻地在锅底推几下。

待汤微开，放入豌豆苗略煮，调入盐、胡椒粉和香油。

榨晴小叮咛

1. 肉丝可以炒熟，也可以直接放入滚水中煮熟。
2. 有高汤更好，如果没有就加入浓汤宝。如果都没有的话，用清汤也可以，风味各不相同。
3. 加入水淀粉勾芡，再缓缓淋入蛋液就可以打出漂亮的蛋花了。
4. 也可以用其他绿色蔬菜代替豌豆苗，但煮的时间同样不能过长哦。

腊肉油豆腐暖汤

原料

© 腊肉 50 克，香菇 3 朵，金针菇 50 克，油豆腐 50 克，腐竹 10 克，香菜少许，生姜 1 块，盐、高汤适量

步骤

1 用热水将腊肉表面的油污清洗干净，切薄片备用。

2 香菇洗净去根蒂，金针菇洗净去根部。

3 腐竹放入温水中浸泡 1 小时至回软再切斜段，香菜洗净切段，生姜洗净切片。

4 腊肉、姜片放入砂锅中，注入高汤煮沸。

5 放入油豆腐、香菇、腐竹，转小火焖煮 10 分钟。

6 放入金针菇煮 3 分钟，出锅前撒上香菜、调入盐即可。

梓晴小·叮咛

1. 在超市里买的腊肉比较干净，用热水清洗就可以切片了；若是使用农家腌的腊肉则需要用热水加淘米水清洗，然后用刀刮去皮上的污物，再用热水冲洗干净。

2. 由于腊肉在制作过程中使用了大量的盐，即使清洗过也会很咸，所以用它煮的汤本身会有一定的咸味，最后调入盐之前可以先品尝一下，然后再根据口味适量添加。

3. 干香菇香味更浓郁，煲汤时可以将泡香菇的水放入锅中同煮。

4. 金针菇不宜久煮，最后放入即可。

生汆丸子三鲜汤

　　相信很多人都像我一样喜欢吃水汆丸子，但往往由于制作不得法，丸子一入锅就散了。其实汆丸子一点儿都不难，只要按照我说的去做，就会百分之百成功哦。

　　可以直接用汆丸子的水做汤，也可以另加高汤来做，配菜根据自己的喜好选择就好。在寒冷的冬天，来上这样一碗热腾腾的丸子汤，温暖立刻就会传遍全身，没有什么比这更让人满足的啦！

原料

◎ 猪肉馅 100 克，料酒 10 克，生抽 5 克，盐 2 克（拌肉馅用），白胡椒 1 克，鸡精 1 克，香油 5 克，鸡蛋 1 个（只取蛋清），大葱 10 克，生姜 5 克，青菜 50 克，鸡汤、盐（做汤用）、淀粉、白胡椒粉适量

步骤

①肉馅放入碗中，加入料酒、生抽、盐、白胡椒、鸡精、香油搅拌均匀。

②加入蛋清、葱末和姜末，用筷子沿同一方向画圈搅拌均匀。

③加入少许淀粉，朝一个方向充分搅拌上劲。

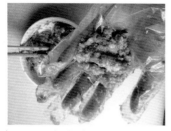

④取适量肉馅放入手掌心（如图所示）。

⑤将手握成拳，让肉馅从大拇指和食指形成的圈中挤出，形成丸子。

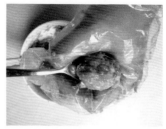

⑥将挤好的丸子用小勺子取下（如图所示）。

⑦锅中放入适量水烧开，然后转小火，依次放入丸子。

⑧丸子全部放入后慢慢煮熟，撇去表面的浮沫后捞出即可。

⑨砂锅中放入鸡汤煮开，依次放入生姜片、氽好的丸子、青菜，煮开后放入少许盐、白胡椒粉调味即可。

梓晴小·叮咛

1. 要想丸子不散又劲道，要注意 3 个要点：

（1）选择适于做丸子的肉。最好是用夹心肉（脖头肉后边的肉），夹心肉质老有筋，吸收水分的能力较强，其他部位的肉也可以，但要尽量使用瘦肉。肉洗好后沥去水分，剁成肉泥，这样附着力就大。

（2）所用配料不宜太多。配料如葱、姜也要切碎剁烂，放入适量淀粉或鸡蛋，用水调好，肉馅要调得适当浓稠一些，用筷子朝一个方向搅匀。

（3）把握好下丸子的火候。若在水开时氽丸子，可将大片白菜叶放入锅中，不仅味道好，还能减缓水沸腾时对丸子的冲击；如不放白菜叶，最好在水似开非开时氽丸子，并沿锅边放入，以免冲散。

2. 搅打肉馅时一定要朝一个方向画圈，而且要充分搅拌上劲，否则容易散。

3. 丸子刚下锅时会沉在锅底，煮熟后就会慢慢浮上水面。

西红柿疙瘩汤

疙瘩汤是北方人经常吃的一种面食，制作疙瘩汤的食材十分丰富，其中西红柿、青菜和鸡蛋是必不可少的三样。做疙瘩汤时，可以用清水，也可以用排骨汤、鱼汤、骨头汤等。疙瘩汤可以做成素的蔬菜疙瘩汤，也可以做成有肉的荤疙瘩汤。用肉类做成的荤疙瘩汤，可以补充蛋白质，特别适合脑力工作者；而身体虚弱、消化功能较差的人则更适合清淡的蔬菜疙瘩汤。

原料

◎ 面粉 100 克，西红柿 150 克，香菇 30 克，平菇 50 克，木耳 30 克，小油菜 80 克，鸡蛋 1 个、蚝油、香油、盐、大葱、生姜、大蒜、香菜适量

步骤

1 西红柿洗净切碎。

2 香菇、平菇洗净切好；木耳用温水泡发，洗净撕成小朵。

3 小油菜洗净掰成单片。

4 大葱、生姜、大蒜、香菜洗净切好备用。

5 一边向面粉中加入凉水，一边用筷子朝一个方向搅拌。

6 直至搅拌成浓稠的面糊状（如图所示）。

7 锅中放入少许油加热，放入蒜末炒香。

8 放入香菇和平菇翻炒几下，再加入少许蚝油。

9 炒至香菇和平菇发软，充分入味即可，盛出备用。

10 锅中放入少许油加热，爆香姜末和葱花。

11 放入西红柿炒出汤汁，再加入适量水煮开。

12 一边将打好的面糊倒入锅中，一边用汤勺不断地搅拌，直至面糊变成大小不一的面疙瘩。

13 依次加入木耳、香菇、平菇和小油菜。

14 加入蛋液，并用勺子在锅中轻轻搅拌。

15 出锅前加入葱花、香菜碎、盐，淋入少许香油即可。

梓晴小·叮咛

1. 疙瘩汤中的配菜可以根据自己的口味随意选择，但最基本的青菜、西红柿和鸡蛋不能少哦。
2. 煮好的面疙瘩的大小和面糊的稀稠有关，面糊越稠，疙瘩越大，面糊越稀，疙瘩越小。
3. 香菇和平菇可以用蒜炒香，并加入蚝油调味，这样做出的汤味道更浓郁；如果想油更少，香菇和平菇也可以不炒，直接放入汤锅中煮熟即可。
4. 西红柿一定要用油炒出汤汁，这样可以让西红柿的酸味变柔和。

西湖牛肉羹

单看名字，就能知道这道传统名菜来自杭州。有人说这道羹汤由淀粉和蛋清调成，用汤勺轻轻搅动时，汤面状似西湖水涟漪，所以才被冠以"西湖"二字；不过，也有人打趣说，说不定是"稀糊"二字呢。不管怎么说，这道羹汤的确是香醇润滑、鲜美可口，因此非常适合餐前用来润喉开胃。

原料

◎ 牛肉 300 克，香菇 40 克，鸡蛋 2 个（只取蛋清），香菜 10 克，绍酒、高汤、白胡椒粉、盐、香油、水淀粉适量

步骤

① 牛肉洗净，用刀剁成麦粒大小的粒子。

② 香菇洗净切丁，香菜洗净切碎，蛋清在碗中打散。

③ 锅中放入适量冷水，放入牛肉粒。

④ 大火煮至浮出血沫。

⑤ 捞出牛肉粒放入冷水中清洗，去除残留的血沫杂质。

⑥ 炒锅中倒入少许油加热，放入牛肉粒拌炒。

⑦ 迅速加入绍酒。

⑧ 加入适量高汤。

⑨ 待高汤煮开后，依次加入香菇丁、盐、白胡椒粉和香油，用中火煮至微微沸腾。

⑩ 一边用汤勺搅拌，一边缓缓加入水淀粉，使汤水变得略微黏稠。

⑪ 待汤再次沸腾后关火，准备倒入蛋清。

⑫ 倒蛋清时要一边徐徐倒入，一边快速搅拌以令蛋清形成蛋花。

⑬ 撒上香菜碎，淋入香油即可出锅。

🧂 梓晴小·叮咛

1. 制作西湖牛肉羹的牛肉粒不能用牛肉糜代替，否则制作出的成品口感不佳，而且也不易将肉中的血沫清除干净。

2. 这道羹汤一定要用水淀粉来勾芡，水淀粉加热后会变黏稠，这样能使牛肉更加软嫩。

3. 打蛋花的时候千万不要着急，不能在用旺火煮的情况下倒入蛋清，不然蛋清就会凝结成块，而不会呈絮状了。

酸辣
肚丝汤

原料

◎ 猪肚 200 克，豆腐干 150
克，干香菇 3~4 朵，冬笋
50 克，干木耳 5 克，鸡蛋
1 个，生姜 1 块，香菜 2 根，
花椒、盐、白醋、高度白
酒、海鲜酱油、白胡椒粉、
香醋、水淀粉、香油适量

步骤

1. 新鲜猪肚用清水反复清洗，并用剪刀剪去油脂。

2. 在猪肚外表面撒上适量盐并反复揉搓，再翻出内面，撒上盐揉搓，然后冲净。

3. 用同样的办法，用白醋、高度白酒分别清洗猪肚的内外表面，并用清水洗净。

④锅中倒水，放入花椒和切好的姜片煮开。

⑤猪肚放入沸水中焯烫。

⑥捞出焯好的猪肚，切成细丝备用。

⑦豆腐干洗净切丝，冬笋洗净切丝。

⑧干香菇和干木耳分别泡发，去根蒂，洗净切丝。

⑨鸡蛋抽打成蛋液，加少许盐；香菜洗净切碎。

⑩锅中加入适量水烧开，放入姜片、肚丝煮至汤汁浓白。

⑪依次加入香菇丝、豆腐干丝、木耳丝和冬笋丝煮开。

⑫调入海鲜酱油、香醋、白胡椒粉、水淀粉和蛋液。

⑬调入适量盐，撒上香菜，淋入香油即可出锅。

梓晴小·叮咛

1. 猪肚富含高蛋白且脂肪含量低，自古以来就被视为"补药"，是药膳主食。从中医的"以形补形"理论来看，猪肚更是补益脾胃的佳品。

2. 猪肚的异味很大，用盐和白醋清洗是最常用的方法。除此之外，用面粉或者高度白酒清洗也非常有效，清洗方法也一样：先把面粉或者高度白酒洒在外表面上，用双手搓洗，然后用清水冲净；再翻出内面，用面粉或者高度白酒搓洗，然后用清水冲净。这样反复洗几遍直至异味消失。

3. 煲好的猪肚味淡，如果吃不惯，可以待冷却后切薄片，调入酱油，用热油爆些姜丝和葱丝淋在上面，即成一道好吃的凉拌猪肚。

4. 煲猪肚汤如果不放白胡椒，风味一定大打折扣，白胡椒不仅能去除猪肚的异味，还有暖胃祛风的功效。如果没有白胡椒粒，也可在汤煲好后调入白胡椒粉。

白蛤豆腐汤

这款汤十分适合女性朋友食用。蛤蜊肉不但能滋阴润目，还有养颜润五脏的功效。豆腐营养丰富，素有"植物肉"之美称，与蛤蜊一起食用能美容养颜。

原料

白蛤 250 克（青蛤、文蛤均可），豆腐 300 克，咸火腿 30 克，生姜 10 克，香菜 5 克，香油、盐适量

步骤

1 白蛤放入水中，滴入几滴香油，加入少许盐，让其吐沙。

2 豆腐洗净切成 1 厘米见方的小块。

3 咸火腿切薄片，生姜去皮切片，香菜洗净切碎备用。

4 锅中放入适量清水煮开，依次加入生姜片、咸火腿片和豆腐块煮开。

5 加入白蛤，加盖煮 5 分钟。

6 调入适量盐，撒上香菜即可出锅。

梓晴小叮咛

1. 一定要提前让蛤蜊吐净泥沙，否则沙子会粘在其他食材上，严重影响口感。
2. 水中放少许香油能够促使蛤蜊尽快吐沙。
3. 加入咸火腿既可以去腥，也可以让汤变得更加鲜美。
4. 由于咸火腿在制作过程中使用了大量的盐，所以用咸火腿煮的汤本身会有一定的咸味，最后调入盐之前可以先品尝一下，然后根据口味适量添加。

鸡汤青菜钵

　　鸡汤青菜钵看起来碧绿青翠，喝起来口感细腻润滑，浓浓的鸡汤透着一股蔬菜特有的清香，味道鲜美又有营养。每次去吃土家湘菜我几乎必点这道菜，而自家做的鸡汤青菜钵用的是自家熬制的真正的浓郁鸡汤，味道更是醇香无比。现在就来试试这道味美又易做的汤吧！

原料

◎ 鸡汤 500 克，菜心 100 克，内酯豆腐 200 克，淀粉少许，盐适量

步骤

1 菜心洗净切碎备用。

2 内酯豆腐切丁（如图所示）。

3 淀粉加入适量水，调制成水淀粉。

4 砂锅中倒入鸡汤，大火煮开。

5 依次加入内酯豆腐、菜心、水淀粉和适量盐，再次煮开即可出锅。

梓晴小叮咛

1. 做这道汤最好用口感滑嫩的内酯豆腐，如果没有，用南豆腐也可以，但一定不要用北豆腐（也就是老豆腐）。

2. 菜心也可以换成其他绿叶蔬菜。

3. 鸡汤也可以换成其他高汤，比如猪骨汤或者牛骨汤，味道一样鲜美。

苦瓜三鲜汤

原料

步骤

© 苦瓜 200 克，冬笋 100 克，
　香菇 80 克， 生姜 1 块，
　高汤、香菜、盐、鸡精、
　香油、色拉油适量

① 苦瓜去掉两头的蒂，洗净并
　用刀对半剖开。

② 用小勺挖去苦瓜的白瓤（如
　图所示）。

3 苦瓜切成 0.5 厘米厚的片。

4 冬笋切成 0.2 厘米厚的片。

5 香菇去根蒂切薄片，生姜去皮切片。

6 锅中加入适量清水、少许盐和色拉油，大火烧开。

7 放入苦瓜片汆烫一下，然后捞出沥干水分。

8 锅中放入少许油爆香姜片，然后放入苦瓜片微炒。

9 加入高汤，煮开后下冬笋片、香菇片同煮至软。

10 汤中加入香菜碎。

11 加入香油、盐、鸡精调味即可出锅。

梓晴小·叮咛

1. 苦瓜的白瓤很苦，最好清除干净。

2. 苦瓜过水汆一下可以去除不少苦味，汆烫时加少许盐和几滴色拉油可以让苦瓜更翠绿。

3. 也可以在汤中加入西红柿，做成西红柿苦瓜汤，这样苦瓜的味道会更淡一些。西红柿具有提高机体免疫力、延缓衰老、防癌抗癌、降血压等功效。

海米萝卜丝汤

原料

◎白萝卜300
克，海米50
克，浓汤宝
1个，香葱
2根，生姜
1块，盐、
香油、白胡
椒粉适量

步骤

◯白萝卜洗净，然后去皮擦成丝备用。

◯海米洗净，并用温水泡发。

◯生姜洗净切片，香葱洗净切碎备用。

◯锅中加入适量清水，加入浓汤宝煮至沸腾。

◯依次放入姜片、海米和白萝卜丝。

◯煮至锅开，撇去浮沫。

◯煮至萝卜丝透明，加入香葱碎，调入盐和白胡椒粉，淋入香油即可出锅。

梓晴小·叮咛

1. 如果没有海米，也可以用虾皮代替。
2. 海米要用温水泡发，变软后就可以用了。
3. 萝卜丝不一定要用刀切，如果想节省时间或者觉得自己切得不够均匀，不够细，可以用擦子擦出细丝。

油条丝瓜汤

丝瓜色泽碧绿、口感清香且有清热通便的功效，秋天经常喝丝瓜汤既能补充营养，又可除秋燥。

这款油条丝瓜汤别有特色，汤中的油条吃起来有点儿像油豆腐。

赶快跟我一起试试这款别样清爽的汤品吧。

原料

丝瓜 150 克，油条 1 根，大蒜 1 瓣，香葱少许，高汤、盐适量

步骤

① 丝瓜去皮，洗净后切滚刀块。

② 用剪刀将油条剪成小段。

③ 大蒜去皮切片，香葱洗净切碎备用。

④ 锅中放入少许油爆香蒜片。

⑤ 放入丝瓜，翻炒至稍稍变软。

⑥ 锅中加入适量高汤，煮开后加入适量盐调味。

⑦ 放入油条，撒上香葱碎即可出锅。

梓晴小·叮咛

1. 丝瓜不能切得过薄，否则一煮就会变软，不但口感不好，卖相也不好，所以切成滚刀块即可。

2. 油条要最后放入，略煮即可，否则会变得软塌塌的。

萝卜丸子汤

🥄 原料

◎ 白萝卜800克，面粉300克，鸡蛋2个，生姜30克，大葱50克，十三香6克，小油菜6棵，泡发的木耳50克，高汤、盐、鸡精、香油适量

步骤

1 白萝卜洗净去皮擦细丝，大葱切碎，生姜切末。

2 萝卜丝中放入少许盐，用手揉搓并静置一会儿。

3 静置片刻后，萝卜丝会出水变软，出的水不要倒掉。

4 将萝卜丝、葱花、姜末、蛋液、面粉、十三香混合均匀。

5 调成稠面糊（如图所示）。

6 锅中倒油加热至六成，用勺子挖出萝卜面糊下油锅。

7 丸子炸至浮起并呈金黄色，捞出沥干油分。

8 炸好的丸子如图所示。

9 锅中加入适量高汤烧开，放入丸子、小油菜和木耳。

10 煮至小油菜略微变软，调入少许盐和鸡精，淋入香油即可出锅。

梓晴小·叮咛

1. 炸丸子时，油温不要过高，否则会出现表面上色过快，内部尚未熟透的情况。

2. 萝卜丸子可以一次多炸一些，放入冰箱冷冻起来，随吃随拿。

口蘑四宝汤

　　口蘑是一种较好的减肥美容食品，它不但能防止便秘，促进排毒，还具有预防糖尿病及大肠癌、降低胆固醇含量的功效。此外，它还是低热量食品，可以防止发胖。

原料

● 口蘑 100 克，油豆腐 80 克，五花肉 50 克，竹笋 60 克，生姜 1 块，香葱 1 根，高汤、盐、香油适量

步骤

1 口蘑洗净切片。

2 五花肉切片。

3 竹笋切小段。

4 生姜去皮切片，香葱洗净切碎。

5 锅中不放油，放入五花肉片煸炒出油，煸炒至焦黄。

6 加入高汤煮开。

7 依次加入口蘑、竹笋、油豆腐和生姜片。

8 煮至口蘑变软，加入少许盐调味，撒上香葱，淋入香油即可。

 梓晴小·叮咛

1. 煸炒五花肉片时，锅中不用放油，要将五花肉中的肥油煸出来。这样处理过的五花肉不但不油腻，口感反而更好。

2. 如果不喜欢油豆腐，可以将它换成白豆腐或者豆腐皮。

猪肝菠菜汤

猪肝含有大量的铁元素，是一种理想的补血佳品；它含有丰富的维生素 A，不但能保护眼睛，防止眼睛干涩疲劳，还能使皮肤保持健康；它还含有维生素 C 和微量元素硒，能增强人体的免疫力。

原料

◎ 猪肝 200 克，菠菜 100 克，枸杞 10 克，生姜 1 块，高汤、酱油、淀粉、盐、香油适量

步骤

1 菠菜洗净切段。

2 菠菜放入水中汆烫并沥干水分。

3 猪肝洗净切片。

4 猪肝中加入酱油、淀粉拌匀，腌 10 分钟。

5 猪肝放入滚水中汆烫，直至出现浮沫。

6 捞出猪肝，洗净沥干水分备用。

7 锅中倒入适量高汤煮开，放入姜片、枸杞和猪肝煮开。

8 放入菠菜，加入盐及香油调味即可。

梓晴小·叮咛

1. 猪肝煮久了会老，影响口感，所以要尽量切薄一些，汆烫时动作要快一些。
2. 菠菜在吃之前汆烫一下可以去除 80% 的草酸，还可以去除涩味。

海带豆腐里脊汤

海带是放射性物质的克星，可减轻放射性物质对人体免疫系统的损害。此外，海带还是人体的"清洁剂"，它所含的胶质不但可以让人体内的放射性物质黏附在上面排到体外，还具有修复受损肌肤的功能。

这道海带汤最适合当下啦！它是安全又没有副作用的补碘食物，里面还有肉、豆腐、蘑菇，营养全面哦！赶快给家人做一锅吧！

原料

◎ 海带结 100 克，猪里脊肉 150 克，嫩豆腐 100 克，蘑菇 50 克，生姜 1 块，香葱 2 根，浓汤宝 1 个，料酒、淀粉、白胡椒粉、酱油、香油、盐适量

步骤

①海带结洗净备用，里脊肉切片。

②里脊肉片加入料酒、酱油、淀粉拌匀，腌渍一会儿。

③豆腐切片，蘑菇洗净撕成小朵，生姜洗净切片，香葱洗净切碎。

④锅中加入适量清水，加入浓汤宝煮至沸腾，再依次加入海带结、豆腐和蘑菇。

⑤煮开后再加入生姜片和腌好的肉片。

⑥煮沸后撇去浮沫。

⑦调入适量盐和白胡椒粉，撒上香葱，淋入少许香油即可出锅。

梓晴小·叮咛

1. 如果用的是干海带，需要提前用清水泡发后洗去黏液、沙粒，切成长条状，打成结备用。
2. 海带结本身有咸味，向汤中加少许盐即可。
3. 豆腐可以用嫩豆腐，也可以用油豆腐或豆腐皮，口感各不相同，但都很好吃哦！

草菇丝瓜肉片汤

原料

草菇 200 克，猪瘦肉 100 克，丝瓜 100 克，生姜 1 块，清汤、酱油、盐、淀粉、香油适量

步骤

1 猪瘦肉洗净，切成薄片放入碗中。

2 加入酱油、盐、淀粉拌匀，腌渍片刻。

3 草菇用清水反复淘洗干净，丝瓜去皮切滚刀块，生姜去皮切片。

4 锅中放入少许油加热至八成，放入丝瓜炒至略软。

5 注入清汤烧开，加入肉片、姜片和草菇。

6 煮沸后撇去浮沫，调入适量盐，并用水淀粉勾薄欠。

7 淋入少许香油即可出锅。

梓晴小·叮咛

1. 丝瓜不能切得太薄，否则一煮就会变软，不但口感不好，卖相也不佳，所以应切成滚刀块。
2. 肉片用淀粉腌渍一下，口感更滑嫩。
3. 肉片放入沸汤中后，要尽快用筷子搅散，以免结块。
4. 肉片煮的时间不宜过长，变色即可。

雪菜肉丝汤

　　雪菜、海米、肉丝搭配在一起，造就了这款有营养又鲜美的雪菜肉丝汤。制作起来也不难，现在就一起来看看它的具体制作方法吧！

原料

⊙ 雪菜100克，猪瘦肉150克，粉丝50克，海米30克，香菜15克，浓汤宝1个，盐、姜粉、淀粉、料酒、酱油适量

●步骤

1 瘦肉洗净后切成细丝，加入少许盐、姜粉、淀粉、料酒、酱油。

2 把碗中的各种原料混合均匀，腌渍片刻。

3 雪菜洗净，沥干水分，用刀切成小段备用。

4 海米用温水泡发备用。

5 粉丝用剪刀剪开，香菜洗净切成小段。

6 锅中放入少许油加热，放入雪菜炒香。

7 加入适量水、浓汤宝和泡发好的海米煮开。

8 加入肉丝并用筷子滑散，煮至变色。

9 加入粉丝，继续煮5分钟。

10 调入适量盐，撒上香菜，淋入香油即可。

梓晴小叮咛

1. 雪菜烹炒前要用清水反复清洗，以去除杂质和过多的盐分。
2. 雪菜入汤会使汤有咸味，所以最后调入盐之前可以先品尝一下，然后再根据口味适量添加。
3. 粉丝的吸水性很强，煮汤的水或者高汤不能过少哦。

木耳蛋花汤

原料

干木耳 10 克（泡发好的约 50 克），海米 20 克，黄瓜 50 克，鸡蛋 1 个，香葱少许，浓汤宝（鸡汤口味）1 个（有高汤更好），盐适量

步骤

1 海米用温水泡发。

2 干木耳泡发以后去根蒂撕成小朵。

3 黄瓜切片，鸡蛋打匀，香葱洗净切碎。

4 锅中加入适量清水，加入浓汤宝煮至沸腾。

5 放入泡发好的木耳和海米。

将蛋液慢慢淋入锅中。

7 蛋液起花时加入黄瓜片和适量盐，撒上香葱即可出锅。

梓晴小·叮咛

1. 黄瓜片要最后放入，因为煮得太久会变软烂，口感不好。

2. 不能在汤特别开的时候淋入蛋液，微开的时候就把鸡蛋液缓缓淋入才能打出好看的蛋花。

酸菜芋头汤

酸菜富含维生素C、氨基酸、膳食纤维等营养物质，有利于胃肠健康。芋头富含蛋白质、矿物质、维生素、皂角甙等多种成分，能增强人体的免疫力，具有防癌治癌的功效。豆腐皮含有丰富的优质蛋白以及多种矿物质，可以补充钙质，促进骨骼发育。

●)原料

◎ 酸菜100克，芋头200克，豆腐皮50克，浓汤宝1个，香葱2根，香油、盐适量

●)步骤

1. 酸菜用清水泡一下，洗净沥干水分后切丝。
2. 豆腐皮洗净切丝（如图所示）。
3. 芋头去皮洗净切块，香葱洗净切碎。
4. 锅中加入适量清水，再加入浓汤宝煮至溶化。

5. 依次加入酸菜和芋头同炖。
6. 待芋头八成软时，加入豆腐皮继续煮，直至芋头软糯。
7. 撒上香葱，淋入香油，加少许盐即可出锅。

 梓晴小·叮咛

1. 酸菜烹煮前要用清水反复清洗，以去除杂质和过多的盐分。
2. 最好选用泡制不久的酸菜，这样做的汤味道才清香。
3. 芋头要选用子芋，不要选用母芋。
4. 酸菜入汤会使汤有咸味，所以最后酌情加少许盐即可。

鸡蛋三鲜汤

原料

© 鸡蛋 2 个，西红柿 150 克，
  香菇 30 克，干木耳 5 克，
  豆苗 50 克，香葱 2 根，盐、
  水淀粉、香油适量

步骤

 西红柿洗净去皮切小块。

香菇洗净去根蒂切片。

木耳用温水泡发后去根蒂撕成小朵，豆苗择掉老叶洗净，香葱洗净切碎。

将其中一个鸡蛋的蛋黄和蛋清分离，将蛋黄与另一个鸡蛋一起打成蛋液，蛋清留着备用。

抽打好的蛋液中加入少许盐和水淀粉，搅拌均匀。

将蛋液倒入锅中用小火煎至凝固。

翻面略煎，制成蛋皮。

将蛋皮盛出，折成图中的样子，切丝备用。

锅中放入适量水烧开，将西红柿、香菇、木耳一起倒入。

再次煮开后，加入切好的蛋皮和豆苗。

将蛋清淋入汤中。

调入适量盐，撒上香葱，淋入香油即可出锅。

梓晴小·叮咛

1. 鸡蛋中只要加入少许水淀粉，就可以轻松煎出漂亮的蛋皮。
2. 蛋皮和豆苗不需要煮太久，最后放入锅中略煮即可。

紫菜蛋花汤

原料

紫菜 10 克，榨菜 10 克，虾皮 10 克，鸡蛋 2 个，生姜 1 块，香葱 2 根，香菜 2 根，盐、香油、水淀粉适量

步骤

1 榨菜洗净切细丝，紫菜撕成小片。

2 鸡蛋抽打成蛋液并加少许盐，生姜去皮切片，香菜和香葱洗净切碎。

3 锅中放入适量水，加入榨菜丝和生姜片煮开。

4 放入紫菜和虾皮煮开。

5 调入适量水淀粉。

6 淋入蛋液。

7 撒上香葱和香菜，调入适量盐，淋入香油即可出锅。

梓晴小·叮咛

1. 可以用油将虾皮稍微煸炒一下以去除腥味。
2. 虾皮、紫菜具有很好的补钙功效，可以适当多放一些。
3. 如果想降血脂和胆固醇，可以适当放一些醋。
4. 这道汤取材方便，做法简单，营养丰富，是一道简单又好喝的快手汤。

西红柿鸡蛋汤

原料

西红柿 400 克，黄瓜 100 克，鸡蛋 2 个，大蒜 1 瓣，香葱 2 根，盐、鸡精、水淀粉、香油适量

步骤

1 西红柿去皮切厚片，黄瓜、大蒜洗净切片，鸡蛋打成蛋液并加少许盐，香葱洗净切碎。

2 锅中放入少许油加热，倒入蒜片爆香。

3 倒入西红柿，煸炒出汤汁（如图所示）。

4 加入适量水煮开，倒入水淀粉勾薄芡。

5 缓缓倒入蛋液，并用铲子轻轻地在锅底推几下。

6 待汤微开，加入盐、鸡精调味，放入黄瓜片。

7 撒上香葱，淋入香油即可。

梓晴小叮咛

1. 做西红柿鸡蛋汤时，一定要将西红柿煸出汤汁再加水，而且最好加开水，这样西红柿的味道更容易进入汤中。

2. 倒入蛋液前要先勾芡，锅开时要快速、均匀地将蛋液淋入锅里，这样做出来的蛋花比较薄也比较好看。

3. 还有一种更简单的做法：把西红柿切块后直接放入清水中，大火煮开后，继续煮 3 分钟，待汤中出现红油后，加入盐搅匀，再淋入蛋液。这种做法没有煸炒西红柿的步骤，也不加入淀粉，是很多人家常用的简单做法。

豉汁豆腐汤

📖原料

◎ 豆腐 200 克，白菜 150 克，豆豉 10 克，紫菜 2 克，生姜 1 块，大蒜 1 瓣，香葱 1 根，盐、鸡精、香油、水淀粉适量

步骤

① 白菜洗净切丝。

② 豆腐切片。

③ 豆豉用刀剁碎。

④ 紫菜撕碎，大蒜、生姜去皮切片，香葱洗净切碎。

⑤ 锅中放入少许油加热，爆香蒜片和姜片。

⑥ 放入豆豉炒香。

⑦ 倒入白菜丝翻炒。

⑧ 加入适量水，煮沸后继续煮2分钟。

⑨ 放入豆腐片煮沸。

⑩ 加少许盐和鸡精调味并用水淀粉勾芡。

⑪ 撒上紫菜和香葱碎，淋入香油即可。

梓晴小叮咛

1. 豆豉一定要剁碎炒香，这样才能充分发挥它的作用。

2. 如果想油更少，可以将白菜丝直接放入汤中煮软，这样做出的汤口味更清淡。

娃娃菜肉丸汤

肥瘦肉 600 克，糯米 100 克，山药 100 克，鸡蛋 1 个，生姜 20 克，大葱 30 克，娃娃菜 200 克，香菜 1 根，盐、水淀粉、海鲜酱油适量

步骤

1 肥瘦肉洗净切片，再改刀剁成肉蓉。

2 糯米蒸成糯米饭。

3 山药去皮剁碎。

4 鸡蛋打成蛋液，生姜去皮切末，大葱和香菜洗净切碎，娃娃菜洗净切丝。

5 肉馅放入大碗中，依次放入葱花、姜末、山药、糯米、蛋液、水淀粉、海鲜酱油。

6 用筷子朝一个方向不停地搅打上劲，直至将猪肉馅搅拌黏稠。

7 把和好的猪肉馅团成大肉丸，并用大火将锅中的油加热至八成，然后将肉丸一一放入锅中。

8 小心地推滚肉丸，使其均匀受热并保持完好。

9 待肉丸完全变色后用笊篱捞起，沥干油分备用。

10 锅中加入适量高汤煮开后，依次放入生姜片、娃娃菜和肉丸。

11 煮至娃娃菜变软，调入少许盐，撒上香菜即可。

 梓晴小·叮咛

1. 肉最好选择三分肥七分瘦的，而且最好自己剁，自己剁的肉馅最香，绞肉机绞的肉馅口感差一些。
2. 糯米不用提前浸泡，直接加水蒸就行，要蒸得稍微硬一点儿。
3. 肉馅加入各种调料以后一定要朝一个方向搅打上劲，这样做出的丸子才不容易散。
4. 肉丸较大，上半部分一般都会露在油外，为了使其受热均匀，可用汤勺舀起锅中的热油反复浇露在外面的部分。
5. 肉丸可以用中火慢炸至熟透，也可以用大火炸定型后再放入蒸锅中蒸至熟透。
6. 肉丸可以一次多炸一些冻在冰箱里，随吃随取。
7. 娃娃菜可以用其他青菜代替。

咸菜黄鱼羹

原料

黄鱼 350 克，雪里红 80 克，口蘑
3 朵，嫩豆腐 80 克，鸡蛋 1 个，
香菜 10 克，香葱 5 克，生姜 4 片，盐、
白胡椒粉、水淀粉、香油适量

步骤

1 黄鱼去鳞、内脏和鱼鳃，清洗干净。

2 从鱼尾起，沿脊骨片出两片鱼肉。

3 鱼片切成0.5厘米见方的丁。

4 雪里红洗净，沥去水分，切成0.5厘米长的段。

5 口蘑洗净，切成0.5厘米见方的丁。

6 嫩豆腐也切成同样大小的丁，香菜、香葱切末，取鸡蛋的蛋清放入碗中备用。

7 锅中加入适量凉水和姜片大火煮开后，依次放入口蘑、雪里红、豆腐和黄鱼。

8 再次煮开后转小火，用汤勺将汤沿一个方向搅动，同时淋入水淀粉和蛋清。

9 调入盐和白胡椒粉，并用汤勺将锅中的汤朝一个方向搅动。

10 出锅前撒上香菜、香葱，淋入香油调味即可。

梓晴小·叮咛

1. 做这道汤羹时，黄鱼也可以加入老姜片和黄酒上锅蒸10分钟左右，再脱骨取肉。

2. 也可以用其他鱼做这道菜，但一定要选剌少肉多的鱼。

3. 雪里红烹煮前要用清水反复清洗，以去除杂质和过多的盐分。

4. 雪里红入汤会使汤有咸味，所以最后调入盐之前可以先品尝一下，然后再根据口味适量添加。

5. 如果给孩子吃，一定要小心鱼刺。

菠菜鸡蛋汤

原料

菠菜 100 克，鸡蛋 1 个，干木耳 5 克，
香葱、盐、鸡精、香油适量

步骤

1 菠菜洗净，剪去根蒂，切段备用。

2 锅中放入适量水煮沸，放入菠菜焯一下，然后捞出沥干水分。

3 鸡蛋加入少许盐并打成蛋液，干木耳用温水泡发后洗净去根蒂撕成小朵。

4 另起一锅加入适量水烧开，放入木耳和菠菜煮至微开。

5 缓缓倒入蛋液，并用铲子轻轻地在锅底推几下。

6 待汤微开，加入盐、鸡精调味，再撒上香葱碎，淋入香油即可。

梓晴小叮咛

1. 菠菜在烹煮之前余烫一下可以去除 80% 的草酸，还可以去除涩味。
2. 也可以根据个人喜好加入虾皮、芝麻等。

66

干虾
咸菜汤

干虾含有丰富的镁元素，能很好地保护心血管系统；它还富含磷、钙等元素，对儿童、孕妇尤有补益功效；它还有镇静作用，对神经衰弱、植物神经功能紊乱诸症有一定的治疗作用。

原料

◎ 干虾 10 克，咸青菜 100 克，生姜 5 克，盐、香油适量

③ 锅中放入适量水煮开，加入干虾、咸青菜丝和生姜片一起煮。

步骤

① 咸青菜反复用清水冲洗，洗掉过多的盐分，切成丝。

④ 煮 2 分钟左右，加入适量盐，淋入少许香油即可出锅。

② 生姜去皮切片备用。

梓晴小叮咛

1. 咸青菜烹煮前要用清水反复清洗，以去除杂质和过多的盐分。

2. 咸青菜和干虾入汤会使汤有咸味，所以最后调入盐之前可以先品尝一下，然后再根据口味适量添加。

折耳根排毒汤

　　到云南旅行，很多人最不习惯的就是吃一种"臭臭"的凉拌菜。不喜欢吃的人觉得这种菜有一股很重的腥味，一节一节的茎上还长着根须，咬起来也有些费劲——它的名字就是折耳根，云贵人喜欢把它和大量的辣椒面和蒜一起凉拌。

　　折耳根具有清热解毒、消肿排脓、利尿等功效，也是做汤的好食材。它之所以如此神奇，跟它那股奇特的鱼腥味不无相关，这股味道主要来自其挥发油中的一种有效成分——鱼腥草素。鱼腥草素是折耳根的主要抗菌成分，具有抗病毒和利尿的作用。

　　要想清肠排毒，这款排毒汤再适合不过了。不要怕哦，虽然折耳根闻起来"臭臭"的，但它煮出的汤却有淡淡的香气。赶紧尝试一下吧！

原料　　　　　　步骤

折耳根 100 克，荸荠 5 个，大枣 6 枚，枸杞 15 粒，冰糖 10 克

1 折耳根去掉根须。

2 用清水冲洗干净。

3 洗好的折耳根捆成几小束（如图所示）。

4 荸荠洗净去皮。

5 大枣、枸杞洗净备用。

6 折耳根、荸荠、大枣和枸杞一起放入锅中，加入 800 毫升水，大火煮开。

7 再转小火煮 20 分钟。

8 出锅前放入冰糖调味即可。

梓晴小·叮咛

1. 折耳根又名鱼腥草，它有一股很重的腥味，但是富含植物纤维，具有提高免疫力、抗菌消毒、防辐射等功效，是一种绝佳的养生食材。

2. 用手将鱼腥草全部掰成段，淘洗干净后，用盐腌渍一下可以去掉一些涩腥味。

3. 荸荠去皮后容易变色，放入淡盐水中就可以保持雪白的颜色。

西红柿
土豆汤

 原料

◎ 西红柿2个，土豆1个，大蒜1瓣，香菜2根，香葱2根，盐、鸡精、香油适量

步骤

1 用勺子尖刮西红柿，从顶端开始，自上而下，由左及右，刮遍每个地方。

2 这样，西红柿皮就可以轻松地剥下来了（如图所示）。

3 将去皮的西红柿切成小块，放入盘中备用。

4 土豆洗净去皮，切成1厘米见方的丁。

5 香菜和香葱分别洗净切碎，大蒜切片。

6 锅中放入少许油加热至六成，放入土豆丁翻炒。

7 土豆丁炒至呈焦黄色时，盛出备用。

8 锅中放入少许油爆香蒜片。

9 放入西红柿翻炒，直至炒出汤汁。

10 放入炒好的土豆丁。

11 翻炒土豆丁与西红柿，使其混合均匀。

12 加入适量水煮至土豆绵软。

13 调入盐和鸡精，撒上香葱和香菜。

14 淋入香油即可关火。

梓晴小·叮咛

1. 一定要将西红柿煸出汤汁后再加水，而且最好加开水，这样更容易使西红柿的味道进入汤中。

2. 土豆丁炒至焦黄再煮，味道会更香。但如果想油更少，也可以将土豆丁直接放入西红柿汤中煮熟。

3. 汤煮好后也可以打个鸡蛋进去哦。

什锦豆干酸辣汤

原料

豆腐干 100 克，香菇 50 克，干木耳 5 克，海带 50 克，
火腿 100 克，鸡蛋 2 个，白胡椒粉 3 克，香醋 45 毫升，
香菜 10 克，浓汤宝 1 个，盐、生抽、香油、水淀粉适量

步骤

1 干木耳用温水泡发，洗净去根蒂，撕成小朵再切细丝。

2 豆腐干切成 0.5 厘米宽的丝。

3 香菇洗净切片，海带洗净切段，火腿切丝，鸡蛋加少许盐打成蛋液，香菜洗净切碎。

4 小碗中放入白胡椒粉，倒入香醋搅拌均匀。

5 锅中放入适量水烧开，加入浓汤宝继续煮，煮开后放入海带煮软。

6 加入豆腐干略煮。

7 依次加入香菇、木耳、火腿继续煮。

8 煮开后调入适量生抽、盐。

9 倒入适量水淀粉勾薄芡。

10 将蛋液迅速倒入锅中，打出蛋花。

11 淋入香醋和白胡椒粉混合而成的调味料。

12 调入适量盐，撒上香菜，淋入香油即可。

梓晴小·叮咛

1. 打出又薄又漂亮的蛋花的技巧是：先在汤中加入水淀粉，待汤变黏稠后，趁汤滚开的时候迅速将蛋液均匀地淋入。如果觉得打出的蛋花不够薄，还可以在蛋液中加一点点清水。

2. 做这款汤时要等海带煮软后再放入其他食材。

3. 这款汤还可以选用冬笋、猪里脊、豆腐、鸡蛋等原料来做：冬笋需要提前焯烫，猪里脊切成细丝，不需要焯烫，直接放入水中，但水开后一定要撇去浮沫，然后放入豆腐和鸡蛋及所有调料。

4. 酸辣汤的酸味主要来自于醋，而辣的味道则来自于白胡椒粉，因此白胡椒粉不可不放。这道汤很适合在寒冷的冬天喝，喝完之后全身都暖洋洋的。

鸡汤白菜卷

原料

© 白菜 350 克，豆腐 150 克，鸡脯肉 50 克，香菇 15 克，鸡蛋 1 个，香菜 10 克，鸡汤、盐、鸡精、白胡椒粉适量

步骤

1 用勺背将豆腐压成泥。

2 鸡脯肉洗净剁成肉泥。

3 香菇洗净切碎。

4 将豆腐、鸡肉、香菇和鸡蛋混合均匀。

5 加入盐、白胡椒粉、鸡精调味，搅拌均匀。

6 白菜洗净，菜梗片薄。

7 白菜放入沸水中烫一下捞出，沥干水分后摊开。

8 取适量豆腐泥放在白菜梗上（如图所示）。

9 向上卷裹，卷到大约一半时略停。

10 把左右两侧的白菜叶向内折（如图所示）。

11 继续卷裹，直至完全成卷。

12 将卷好的白菜卷上锅蒸10分钟。

13 蒸好后取出白菜卷，对半切断。

14 将切好的白菜卷放入小碗，取一只大汤碗扣在上面。

15 将小碗倒扣在大汤碗中（如图所示）。

16 取下小碗，可以看到白菜卷整齐地码放在大汤碗中。

17 向大汤碗中加入鸡汤和香菜即可。

梓晴小·叮咛

1. 豆腐要选择老豆腐，也就是北豆腐，南豆腐水分太多，不适合做这道菜。

2. 白菜焯烫的时间不可过长，菜帮稍微变软即可。

3. 白菜卷蒸好以后可以对半切断，倒扣在大汤碗中，也可以切厚片，放入汤中。

4. 白菜卷直接放入大汤碗中不容易摆放整齐，切好后倒扣进去比较容易造型。

西施豆腐汤

原料

嫩豆腐 200 克，香菇 30 克，火腿 100 克，玉米粒 50 克，鸡蛋 1 个，香菜 10 克,高汤、盐、水淀粉适量

步骤

1 嫩豆腐洗净切成 1 厘米见方的丁。

2 火腿切成 1 厘米见方的丁。

3 香菇洗净去根蒂切丁，鸡蛋加入少许盐并抽打成蛋液，香菜洗净切碎。

4 锅中放入适量高汤煮开，放入嫩豆腐煮至漂起。

5 依次加入香菇、火腿、玉米粒略煮。

6 淋入适量水淀粉勾芡。

7 倒入蛋液，调入适量盐，撒上香菜即可。

梓晴小·叮咛

1. 豆腐一定要选用南豆腐，也就是嫩豆腐，用内酯豆腐也可以，但千万不要用老豆腐，否则口感不好。
2. 香菇、火腿、玉米粒这些原料可以根据个人口味决定放或不放。
3. 嫩豆腐不用煮太久，煮至在锅内漂浮起来即可。

火腿冬笋汤

原料

◎ 咸火腿 50 克，冬笋 100 克，香菇 50 克，土豆 300 克，生姜 5 克，香菜 10 克，盐、香油适量

步骤

1. 咸火腿切片。

2. 冬笋切片。

3. 香菇洗净对半切开。

4. 土豆洗净去皮切滚刀块。

5. 生姜去皮切片，香菜洗净切碎。

6. 锅中加水煮开，放入土豆、冬笋、咸火腿和香菇同煮。

7. 煮大约 15 分钟后，汤汁会变浓，土豆会变绵软。

8. 撒上香菜，淋入香油，调入适量盐即可出锅。

梓晴小叮咛

1. 由于咸火腿在制作过程中使用了大量的盐，所以用咸火腿煮的汤本身会有一定的咸度，最后调入盐之前应该先品尝一下，然后根据口味适量添加。

2. 如果选用新鲜的冬笋，去皮切片后需要过沸水；如果用袋装的冬笋，只要清洗干净就可以放入汤中了。

3. 土豆一定要煮绵软才好吃。

萝卜连锅汤

原料

萝卜1根，带皮五花肉300克，干辣椒20克，花椒2克，郫县豆瓣40克，生抽40毫升，葱白1段，生姜1块，香菜、盐适量

步骤

1 萝卜洗净去皮去根蒂。

2 萝卜切成4等份，再切成0.5厘米厚的片（如图所示）。

3 带皮五花肉刮去表皮上的杂质后清洗干净，郫县豆瓣剁碎。

4 五花肉切成两小块，葱白切段，生姜切片。

5 将两小块洗净的五花肉放入锅中，加入1500毫升凉水，大火煮开。

6 用勺子撇去锅中的浮沫。

7 加入葱段和姜片，盖上盖子继续煮大约半小时。

8 五花肉煮至八成熟，可以用筷子轻松插入时，捞出放至温凉。

9 捞出锅中的姜片、葱段，汤留下备用。

⑩ 捞出的五花肉切成长4厘米、厚0.3厘米的薄片。

⑪ 萝卜片放入煮过肉的汤中，大火煮至软熟。

⑫ 放入切好的五花肉片，继续煮15分钟。

⑬ 放入适量香菜和盐即可关火。

⑭ 炒锅内倒入油，中火加热至四成，放入干辣椒和花椒，炸出香味。

⑮ 炸至干辣椒呈棕褐色关火，并将干辣椒和花椒捞出。

⑯ 用刀将捞出的干辣椒和花椒剁成细末。

⑰ 继续加热炒锅中的油至七成，放入剁碎的郫县豆瓣。

⑱ 炒出香味后，放入剁好的干辣椒和花椒，拌炒均匀。

⑲ 盛入碗中，加入生抽调成味汁。

⑳ 汤中的五花肉片可蘸着调好的味汁吃。

梓晴小·叮咛

1. 这是一道四川风味的汤品，原本煮好后是连锅一起端上桌的，故称连锅汤。

2. 做这款汤的关键是要选好萝卜和五花肉。萝卜要水灵，最好是表皮为青绿色的，吃起来口感脆嫩。五花肉则以皮薄且肥瘦相间的猪后腿肉为最佳。

3. 煮五花肉的时间依肉的熟烂程度而定，煮至用筷子可以轻松插透就熟了。

鸭血粉丝汤

鸭血的营养价值很高，含有丰富的蛋白质以及多种微量元素，如铁、铜、钙等，有补血和清热解毒的功效。另外，鸭肝、鸭胗、鸭肠也都是低脂肪、低热量、高纤维的食物，含铁量高，营养丰富，有补血、养肝、清除体内垃圾、养颜的功效。

原料

鸭血 200 克，油豆腐 50 克，粉丝 50 克，小油菜 50 克，鸭肝 50 克，鸭肠 30 克，鸭胗 30 克，榨菜 15 克，香菜 10 克，卤蛋 1 个，鸭汤、盐、辣椒油适量

步骤

1 鸭血切块（如图所示）。

2 鸭肝、鸭胗切薄片。

3 小油菜洗净，榨菜切丝，卤蛋对半切开，香菜洗净切碎。

4 锅中加入适量鸭汤烧开。

5 依次放入粉丝、油豆腐和鸭血煮5分钟。

6 加入撕成单片的小油菜煮1分钟，调入少许盐。

7 将煮好的汤盛入碗中，放入鸭胗、鸭肠、鸭肝、卤蛋。

8 撒上香菜和榨菜丝，淋入辣椒油即可。

梓晴小·叮咛

1. 鸭血粉丝汤是将鸭血、鸭胗、鸭肠、鸭肝等放入鸭汤和粉丝中制成的一道南京风味小吃，口感鲜香，爽口宜人。如果材料不全，至少要有最基本的鸭血和鸭汤。

2. 这里所用的鸭血在超市里就可以买到。

3. 鸭血非常嫩，所以煮的时候要讲究火候：时间不能太长，否则会变老，出现大量气孔；时间也不能太短，否则内部还是生血。

4. 鸭胗、鸭肠、鸭肝可以在卤味店买现成的，以节省烹调时间。

5. 如果买的鸭胗、鸭肠、鸭肝是生的，需要自己烹熟，切记鸭肠烫的时间不可过长，稍烫即可，否则口感会不爽脆。

6. 粉丝最好用山芋粉丝，因为山芋粉丝比玉米粉丝更有嚼头且口感更好。

萝卜丝蛋汤

原料

白萝卜200克，
鸡蛋1个，大
蒜2瓣，香葱
1根,盐、鸡精、
香油适量

步骤

1 白萝卜去皮擦丝，鸡蛋打成
蛋液并加少许盐，大蒜去皮
切末，香葱洗净切碎。

2 锅中放入少许油加热，爆香
蒜末。

3 倒入萝卜丝略炒。

4 加入水煮沸。

5 继续煮5分钟后，加入水淀
粉勾薄芡。

6 加入盐和鸡精调味，淋入
蛋液。

7 撒上香葱，淋入香油即可。

梓晴小·叮咛

　　萝卜丝不一定要用刀切，如果想节省时间或者觉得自己切得不够
均匀、不够细，可以用擦子擦出细丝。

异国浓汤

韩式泡菜豆腐汤

　　提到韩国的美食，大家最先想到的应该就是泡菜了。泡菜非常适合做汤，它那酸酸的味道会慢慢融入汤中，喝起来美妙极了。这锅红艳艳的韩式泡菜豆腐汤不用太多的油来烹制，它所用的食材非常丰富，有嫩嫩的豆腐、软糯的年糕、香香的五花肉，还有鲜美的泡菜。这些食材的营养全都融入汤中，一点儿都没有流失，而且味道还很浓郁，最适合搭配白米饭食用。你要不要也来试着做一做呢？

原料

◎韩式泡菜 100 克，豆腐 150 克，年糕 50 克，五花肉 100 克，大葱 2 段，盐、高汤适量

步骤

韩式泡菜切块。

豆腐切厚片。

年糕切片。

五花肉切薄片，大葱洗净切段备用。

锅中不放油，放入切好的五花肉。

肉片煎至金黄出油。

葱段放入锅中煸炒出香味。

加入泡菜快速翻炒片刻。

加入高汤，大火煮开。

将汤移入砂锅中，继续用中火加热。

煮开后加入豆腐、年糕继续煮 5 分钟，调入适量盐即可。

梓晴小叮咛

1. 肉要选肥瘦相间的五花肉，而且要切薄一些。煎的时候锅中不要放油，煎至金黄出油，这样处理的肉吃着不油腻。

2. 豆腐要选南豆腐，就是我们平常说的嫩豆腐。

3. 高汤可以多一些，因为年糕煮软后会吸收很多水分，高汤过少的话，汤汁会过于浓稠。

韩式海鲜大酱汤

　　这款韩式海鲜大酱汤既暖胃又暖心，很适合冬天喝哦。它的做法其实很简单，取材时只要选择手边已有的原料或根据自己的喜好选择就可以啦！如果有兴趣，不妨照着我推荐的菜谱尝试一下。韩国美食也可以经由我们自己的手烹调出来，我们都可以做大长今！

原料

◎淘米水 700 毫升,大酱 3 汤匙(45 克),甜辣酱 1 汤匙(15 毫升),海带 30 克,香菇 50 克,平菇 50 克,豆腐 100 克,蛏子 6 个,鲜虾 3 只,洋葱 1/4 个,西葫芦 1/4 个,青椒 1/2 个,辣椒粉 1 茶匙(5 克),大蒜 10 克,大葱 4 段

步骤

1 海带洗净切丝,香菇洗净去根蒂切片,平菇洗净撕成条状,豆腐切成 0.5 厘米厚的片,西葫芦、青椒、洋葱洗净切片。

2 鲜虾洗净后剔除背部的虾线,蛏子浸泡在盐水里以吐出泥沙。

3 大葱洗净切段,大蒜切成蒜末备用。

4 锅内倒入淘米水,放入大酱和甜辣酱搅拌至完全融合(大酱和甜辣酱的比例可以根据个人的喜好决定)。

5 锅中的汤水煮开后依次放入海带、平菇、香菇、豆腐、西葫芦,文火煮 5 分钟。

6 放入鲜虾、蛏子、洋葱、青椒,搅拌均匀,继续用文火煮 5 分钟。

7 放入葱段和蒜末,调入辣椒粉,继续煮 2 分钟即可。

梓晴小叮咛

1. 淘米水的制作方法:把米洗净后再加水,用手搓米直至水变白,用这种水来煮大酱汤,更有营养,味道也更鲜美。

2. 煮汤之前应该先把蛏子浸泡在盐水里,使之吐出泥沙。

3. 煮汤的过程中会有浮沫出现,要及时撇去。另外,汤煮得越久越好喝。

4. 大酱和甜辣酱的比例可以根据个人的喜好而定。如果觉得不够咸,也可以酌量加盐,视个人口味而定。

5. 如果不喜欢吃辣,可以不加甜辣酱和辣椒粉。

6. 如果用干海带,要注意泡发好的海带上的黏液是很有营养的,无须洗掉。

意式田园蔬菜汤

原料

○ 土豆 50 克，洋葱 50 克，圆白菜 50 克，胡萝卜 50 克，西芹 50 克，培根 50 克，黄油 15 克，大蒜 5 克，番茄酱 45 克，盐、白胡椒粉适量

步骤

1 培根切成小薄片。

2 土豆、洋葱、圆白菜、胡萝卜洗净切片，西芹洗净切段，大蒜切末。

3 培根放入锅中煸炒一下，盛出备用。

4 锅中放入黄油加热至熔化。

5 放入洋葱片炒香。

6 放入胡萝卜片和土豆片炒至呈淡黄色。

7 加入番茄酱煸炒片刻。

8 锅中加水煮开。

9 放入西芹和圆白菜，继续煮15分钟。

10 加入蒜末和培根，再加入盐和白胡椒粉调味即可。

🧂 梓晴小·叮咛

1. 这道酸香开胃的意式蔬菜汤中的番茄酱、洋葱和西芹皆能健胃消食，清肠利便，营养也非常丰富，很适合"三高"人士饮用。

2. 如果想让汤水浓稠一些，可适当延长炒和熬煮的时间，这样蔬菜会更软熟，出汁更多。

土豆泥汤

原料

土豆 300 克，胡萝卜 50 克，洋葱 50 克，面粉 300 克，色拉油 50 克，切片面包 1 片，黄油少许，盐适量

步骤

1 炒锅中不放油，放入面粉用小火翻炒。

2 炒至呈浅黄色，盛出过筛。

3 炒锅中倒入色拉油加热至六成。

4 放入炒过的面粉，翻炒均匀，制成油炒面。

5 面包片切去四边，再切成小块（如图所示）。

6 土豆洗净去皮切厚片。

⑦ 胡萝卜洗净去皮切片。

⑧ 洋葱切小块。

⑨ 锅中放入少许黄油,加热至熔化。

⑩ 面包块放入炒锅中煎至两面金黄,盛出备用。

⑪ 锅中放入适量水,再放入土豆、胡萝卜和洋葱煮软,然后分别取出,汤留用。

⑫ 将煮好的土豆片过筛压成土豆泥。

⑬ 将土豆泥倒入煮土豆的汤中,边加热边搅匀。

⑭ 这是搅匀后的土豆汤。

⑮ 向土豆汤中加入油炒面调节浓度。

⑯ 放入盐调味,出锅时撒上面包块即可。

 梓晴小·叮咛

1. 胡萝卜和洋葱煮软取出后就不再使用,它们的作用是使土豆汤中留有它们的味道。
2. 土豆蒸熟后,可以直接用勺子压成泥,但过筛会让口感更细腻。
3. 土豆汤煮开后放入油炒面调节浓度,具体放多少依个人口味而定。
4. 面包块可以用黄油煎至两面金黄,也可以放入烤箱烤至酥脆。
5. 可以用同样的方法做胡萝卜、豌豆、菜花等菜泥汤。

番茄蔬菜浓汤

原料

○ 番茄 2 个（约 400 克），土豆 100 克，甜豆荚 50 克，胡萝卜 50 克，洋葱碎 30 克，黄油 40 克，鲜奶油 50 毫升，白砂糖 2 茶匙（10 克），黑胡椒 3 克，盐 1/2 茶匙（3 克）

步骤

1 番茄洗净去皮切小块。

2 切好的番茄放入搅拌机中搅打成番茄泥。

3 土豆削去外皮，洗净后切成 1 厘米见方的丁。

4 胡萝卜削去外皮，洗净后切成 1 厘米见方的丁。

5 甜豆荚择去老筋，洗净沥干水分。

6 炒锅中放入黄油，用小火加热至熔化。

7 转大火，放入洋葱爆香。　　8 加入番茄泥，拌炒均匀。　　9 加入白砂糖，拌炒均匀。

10 加入150毫升冷水，并用大　11 放入切好的土豆丁和胡萝　12 改中小火继续煮5分钟。
　　火煮开。　　　　　　　　　　卜丁，再次煮开。

13 放入择洗好的甜豆荚，改　14 加入鲜奶油、黑胡椒、盐调
　　大火煮3分钟。　　　　　　　味，搅拌均匀即可。

 梓晴小叮咛

1. 传统西式浓汤的做法均是把用黄油炒成的油炒面加入汤中，使汤变得香浓稠滑。如果担心用传统方法烹调会使汤的热量过高，可以用土豆代替油炒面。土豆含有大量淀粉，同样可以使汤变得浓稠，而且土豆本身的味道很清淡，不会影响汤的味道。

2. 烹调西式浓汤时一般使用黄油，如果你很喜欢黄油的香味又不计较它的热量，就选它好了。如果你想尽量减少热量的摄入，那么可以用橄榄油代替黄油。

3. 一般而言，西式浓汤使用的都是鲜奶油，如果没有鲜奶油，也可以用鲜牛奶代替。

4. 最好用新鲜的番茄搅打土豆泥，如果没有也可以用番茄酱代替，但汤的味道会稍稍逊色。

5. 甜豆荚不要与土豆丁和胡萝卜丁同时放入，否则煮的时间太久，口感不好。

咖喱
牛肉汤

原料

牛腩 500 克，土豆 400 克，胡萝卜 150 克，洋葱 100 克，芹菜 50 克，生姜 10 克，油咖喱、椰汁、盐、橄榄油、鸡精适量

步骤

1 牛腩洗净切成 2 厘米见方的小块。

2 土豆去皮切滚刀块，胡萝卜去皮切厚片，洋葱切小块，芹菜切段，生姜去皮切片。

3 切好的牛腩放入冷水锅中，大火煮开。

4 待有很多浮沫出现后捞出牛腩，用温水冲洗干净。

5 锅中重新注入适量水，放入牛腩和姜片，大火煮开。

6 转小火煮 1.5 小时（或者放入高压锅中煮 20 分钟）。

7 另取一锅，放入适量橄榄油和油咖喱略炒。

8 放入洋葱炒香。

9 放入芹菜翻炒均匀。

10 加入椰汁煮开，制成咖喱酱汁备用。

11 待牛腩煮至能用筷子轻松扎透，放入切好的土豆块和胡萝卜片。

12 倒入做好的咖喱酱汁，大火煮开。

13 转小火继续煮 15~20 分钟，直至土豆软绵，出锅前加入盐和鸡精调味即可。

🧂 梓晴小叮咛

1. 煮咖喱菜时咖喱酱很重要，如果想要最地道的口味，最好选择地道的咖喱酱。不同颜色、不同产地的咖喱酱口味、辣度有差别，大家可根据自己的喜好选择。如果没有咖喱酱，可以用咖喱粉代替。

2. 牛肉选择有点儿肥且带点儿筋的最好，过瘦的牛肉煮好后肉质太柴，口感不佳。

3. 土豆最好选用含淀粉比较多的，在国外的朋友可挑选小土豆，它的口感比较好，如果没有小土豆，用大土豆代替也可以。注意，土豆皮含有一种名为龙葵素的有毒物质，一定要削掉。

4. 洋葱要炒出香味，牛肉要余去血水。

5. 椰汁是使咖喱香浓好吃的关键配料，如果没有，可以用原味浓椰奶代替。

6. 咖喱酱本身有咸味，所以调味的盐要适量，以免过咸。

奶油南瓜汤

原料

© 南瓜 350 克，淡奶油 75
毫升，白砂糖适量

步骤

1 南瓜洗净去皮去瓤，切薄片备用。

2 蒸锅中加水烧开，放入南瓜蒸 20 分钟。

3 将蒸熟的南瓜取出，倒入料理机中打成南瓜泥。

4 在南瓜泥内加入淡奶油搅拌，直至二者完全融合。

5 在奶油南瓜泥中加入适量白砂糖，并用小火煮。

6 边煮边搅拌，使糖完全溶化即可。

7 还可以用淡奶油绘出图案装饰一下（如图所示）。

 梓晴小·叮咛

1. 南瓜切薄片是为了更快蒸熟。家中如果没有料理机，可以用勺子将南瓜捣成泥。
2. 淡奶油直接加入南瓜泥中就可以，不需要打发。
3. 如果没有淡奶油，可以用浓牛奶代替。
4. 南瓜本身就有甜味，如果不喜欢过甜的口味，就少放一些白砂糖。

培根蔬菜汤

原料

培根 50 克，圆白菜 100 克，白萝卜 100 克，胡萝卜 100 克，洋葱100 克，平菇 100 克，黄油少许，牛肉清汤、盐、白胡椒粉适量

步骤

1 培根切成 2.5 厘米宽的薄片。

2 白萝卜、胡萝卜、圆白菜、洋葱、平菇洗净后也切成差不多大小的薄片。

3 将步骤 2 中的食材用清水煮熟，捞出备用。

4 将黄油倒入锅中加热至熔化，再倒入培根煎黄至熟。

5 坐锅点火，放入牛肉清汤加热。

6 烧开后加入煮熟的各种蔬菜和煎好的培根。

7 加入盐、白胡椒粉，略煮片刻即可。

梓晴小·叮咛

1. 用黄油煎的培根很香，但你如果担心热量过高，可以用橄榄油代替黄油，也可以完全不放油，利用培根自身的油来煎。
2. 如果没有牛肉清汤，可以将浓汤宝用清水煮开，但味道会逊色不少哦。
3. 各种蔬菜已经提前煮熟，放入牛肉汤中略煮即可。

芦笋浓汤

原料

- 芦笋 500 克,土豆 1 个(约 250 克),鸡骨汤 300 毫升,淡奶油 50 毫升,蛋黄 1 个,盐、白胡椒粉适量

步骤

1 土豆去皮,随意切成大块。

2 新鲜芦笋洗净,切去根部较硬的部分。

3 切下顶部的嫩尖备用。

98

4 余下的部分切成约5厘米长的段。

5 锅中放入500毫升清水，大火烧开后放入切好的芦笋尖和芦笋段。

6 转小火煮15分钟，捞出芦笋尖和芦笋段，分别浸在凉开水中备用。

7 鸡骨汤和土豆放入汤锅中，小火煮25分钟左右。

8 捞出汤里的土豆，和芦笋段一起放入搅拌机。

9 加入淡奶油、蛋黄，一起搅打成泥。

10 若想让芦笋泥的口感更滑腻，可用筛子过滤一次。

11 筛过的芦笋泥倒回汤锅，加入一半煮芦笋的水，再加适量盐和白胡椒粉烧开。

12 将做好的芦笋浓汤盛入碗中，如图摆放芦笋嫩尖。

13 还可以用淡奶油装饰一下。

🧂 梓晴小·叮咛

1. 煮芦笋的水，不用全部加入，喝前再根据喜欢的浓度适量加入。

2. 如果选用小土豆，口感会更好。

3. 芦笋一定要尽量选择新鲜的；切去根部较硬的部分时，不要"手下留情"，否则做好的汤里会有很多纤维状物质，非常影响口感。如果出现了这种情况，过一次筛会有很大的帮助。

4. 芦笋中嘌呤的含量很高，食用后容易使尿酸增加，因此有痛风症状的人要少吃。另外，不论多么希望芦笋保持鲜嫩，都一定要将其煮熟，不可生吃。

5. 上桌前可以再淋一些浓奶油提味。

6. 搅打完芦笋泥后，可以把煮芦笋剩下的水放到搅拌机里涮一下并倒入汤锅。这样既不浪费，也顺便预洗了一下搅拌杯。

罗宋汤

原料

◎ 牛腩300克，土豆1个（约300克），胡萝卜1根（约100克），卷心菜100克，洋葱半个（约100克），芹菜2根（约50克），黄油50克，面粉50克，鲜奶油100克，生姜1块，盐、白胡椒粉、番茄酱适量

步骤

1 土豆去皮切滚刀块，牛腩切成2厘米见方的小块。

2 胡萝卜去皮切厚片，卷心菜、洋葱切小块，芹菜切段，生姜切片。

3 炒锅中不放油，放入面粉小火翻炒。

4 炒至颜色呈浅黄色，盛出过筛备用。

5 切好的牛腩放入冷水锅中，大火煮开，待有很多浮沫出现后捞出。

6 用温水冲洗牛腩，锅中重新注入适量水，放入牛腩和生姜片，大火煮开后转小火煮1.5小时（或放入高压锅中煮20分钟）。

7 另起一锅，放入黄油加热至熔化。

8 放入洋葱炒香。

9 放入土豆、胡萝卜、卷心菜和芹菜炒干水分。

10 加入番茄酱翻炒均匀，盛出备用。

11 将炒好的蔬菜倒入煮好的牛肉中，继续煮20分钟。

12 加入盐和白胡椒粉调味，再加入炒面和鲜奶油即可。

梓晴小·叮咛

1. 这款汤的原料很常见，做法也很简单。不管是配面包食用，还是配米饭食用，都很可口。

2. 如果买的牛腩带有很多筋膜和肥肉，一定要将筋膜和肥肉去除干净，筋膜会影响口感。而肥肉会使汤变得油腻，口味和口感都会大打折扣。

3. 番茄酱要用油烹炒并煮一小会儿，这样可以很好地去除酸味，让口感更柔和。

4. 炒好的蔬菜不要同牛肉同时下锅煮，而应该等牛肉煮到可以用筷子轻松扎透时再放入，否则等牛肉煮好后，这些蔬菜都已经软烂了。

日式豆腐蘑菇酱汤

原料

口蘑 150 克，豆腐 300 克，海带丝 50
克，豆面酱 90 克，香葱 15 克，鱼汤、
盐适量

步骤

1 每朵口蘑都平均切成 4 小块
备用。

2 豆腐切成 1 厘米见方的小
块，香葱切段。

3 锅中加入适量鱼汤，放入豆
面酱，用中火煮。

4 不停地搅拌直到豆面酱彻底
溶解，要确保没有硬块。

5 加入海带丝和口蘑，用大
火煮 5 分钟。

6 放入豆腐，用大火继续煮 3
分钟。

7 调入适量盐，撒上香葱即可
出锅。

梓晴小·叮咛

1. 日本汤主要有两种：清汤和豆面酱汤。这两种汤的基本原料都是
鱼汤。

2. 豆面酱是以大豆为原料，经过蒸、发酵等工序制成的调味品，带
咸味。这款汤的底汤是将豆面酱放入鱼汤而制成的，其他配料可任意
挑选，以变换味道和颜色。

法式洋葱汤

原料

◎ 洋葱 300 克，牛肉清汤 1000 克，油炒面 30 克，黄油 30 克，奶酪 35 克，硬面包或干面包 2 片，白兰地酒、黑胡椒粉、盐适量

步骤

1 洋葱洗净切丝。

2 黄油放入锅中，加热至熔化。

3 倒入洋葱拌炒。

4 炒至呈如图所示的淡咖啡色。

5 加入白兰地酒和油炒面翻炒均匀。

6 倒入牛肉清汤，烧开后用小火煮出香味。

7 加入盐和黑胡椒粉调味即可出锅。

8 面包片上放奶酪，放入 200℃的烤箱中烘烤约 10 分钟，烤至面包呈金黄色，取出放在汤上即可。

梓晴小叮咛

1. 用黄油将洋葱丝炒至呈淡咖啡色非常重要，这样煮出的汤才会香，一定要耐心哦。
2. 用干面包搭配洋葱汤是法国人的传统，这可以促进人体吸收洋葱汤中丰富的蛋白质和钙。
3. 汤出锅后可以放入烤箱里再烤几分钟，这样会更稠更香。
4. 如果不喜欢黄油的味道或者担心热量过高，也可以用橄榄油或者色拉油代替黄油。如果没有高汤，可以用浓汤宝勾兑开水代替，但味道会稍稍逊色。

西班牙香蒜汤

这道面包香蒜汤是西班牙很传统、很古老的一道汤品，最早起源于西班牙中部的卡斯提尔，现今已传遍了西班牙的每一个自治区。这道汤的脂肪含量较低，不但很有营养，而且非常健康。另外，众所周知，大蒜是最好的天然抗生素，所以这道汤对感冒也有一定的防治作用。如果你喜欢吃蒜，就更不能错过这道汤了，因为你会发现它不会给你带来口气方面的尴尬。

原料

◎ 面包 100 克，大蒜 75 克，橄榄油 25 毫升，鸡汤 800 毫升，辣椒粉 10 克，番茄 1 个，鸡蛋 2 个，柠檬汁 7 毫升，法香碎 3 克，鸡脯肉 100 克（肉的种类可自选），盐适量

步骤

1 面包切片（如图所示）。

2 大蒜去皮并用刀背压扁。

3 鸡脯肉剁成肉末。

4 在肉末中调入法香碎，挤入柠檬汁，搅拌均匀。

5 番茄洗净，放入沸水中烫一下，剥去外皮剁小块；鸡蛋中加入少许盐，打成蛋液。

6 加热炒锅，用橄榄油慢慢将大蒜煎至呈焦黄色，盛出备用。

7 拌好的肉馅放入锅中，中火翻炒至熟，盛出备用。

8 锅中放入橄榄油和辣椒粉，小火炒至微有气泡出现。

9 放入番茄翻炒出汤汁。

10 加入鸡汤，大火煮开。

11 依次放入炒好的大蒜、肉馅和切好的面包片。

12 使汤保持微沸的状态，继续煮15~20分钟。

13 将蛋液淋入汤中，推搅出蛋花，调入适量盐即可。

🧂 **梓晴小·叮咛**

1. 制作此汤所用的面包种类并无限定，但最好是吃剩下的隔夜面包，质地越硬越好，这样在汤中才不会过于软烂。

2. 此汤做好后最好先放凉，然后上火加热再食用，这样汤和所有食材才会充分融合，味道会更好。

3. 还可以试着加入一些蔬菜、虾或蘑菇，味道会更丰富。

奶油蘑菇浓汤

◖原料

◎口蘑 100 克，黄油 50 克，面粉 30 克，牛奶 100 克，淡奶油 100 克，培根 30 克，鸡汤 600 克，盐适量

◖步骤

◔口蘑洗净切片。

◔培根切片，放入锅中煎至两面焦黄，盛入碗中备用。

◔黄油放入锅中加热至熔化。

◔加入面粉，并炒至呈黄色。

◔慢慢加入鸡汤煮开。

◔放入口蘑煮出香味。

◔加入牛奶、淡奶油和盐，搅拌几下。

◔盛入碗中，撒上培根即可。

◖梓晴小叮咛

1. 油炒面与鸡汤同煮，能使浓汤变得浓稠香滑。如果担心用传统方法烹调浓汤热量会太高，可以用土豆代替油炒面，因为土豆含有丰富的淀粉，而且它本身的味道清淡，所以在使汤变浓稠的同时，不会影响汤的味道。

2. 油炒面可以一次多炒一些，晾凉后密封保存，随用随取。

3. 烹调西式浓汤时一般使用黄油，如果你很喜欢黄油的香味又不计较它的热量，那就选它吧。如果你想尽量减少热量的摄入，那么可以用橄榄油代替它。

4. 烹调浓汤使用的都是鲜奶油，如果没有，完全可以用鲜牛奶代替。

5. 用烤面包丁配奶油蘑菇浓汤比较经典，用培根或者你喜欢的其他食物配也可以。

香菇鱼片粥

原料

◎ 大米 60 克,鱼肉 120 克,香菇 40 克,鱼肉松 5 克,香菜 5 克,香葱 5 克,盐、料酒、白胡椒粉、生抽、淀粉、香油适量

步骤

1 大米洗净,鱼肉切片,香菇洗净切片,香葱、香菜洗净切碎。

2 鱼肉中加入盐、料酒、白胡椒粉、生抽、淀粉拌匀,腌渍片刻。

3 锅中加入适量水,煮开后放入大米。

4 转小火煮至浓稠,然后放入香菇片煮 5 分钟。

5 放入鱼片煮至变色。

6 加入盐和白胡椒粉调味。

7 淋入香油,撒上香葱、香菜和鱼肉松即可。

梓晴小·叮咛

1. 最好选择鱼刺少的鱼。
2. 鱼肉切片时,应尽量切薄些,不但易熟,而且口感好。
3. 如果用泡发的干香菇,泡香菇的水可以用来煮粥,味道更香。
4. 煮粥时,应该在水开后再放入大米。这样米粒里外的温度不同,表面会出现许多细微的裂纹,容易开花渗出淀粉质,渗出的淀粉质不断溶于水中,粥就变得越来越黏稠。
5. 煮大米粥的时候会溢锅,为了防止汤汁外溢,可以在锅内加入五六滴色拉油。
6. 给孩子吃时,一定要特别小心鱼肉中的小刺。

香芋排骨粥

原料

© 大米 60 克，排骨 200 克，芋头 150 克，生姜 1 块，香葱 2 根，盐、鸡精、香油适量

步骤

1. 排骨洗净切块，与姜片一起放入冷水锅中，大火煮开。

2. 待有很多浮沫出现后捞出排骨，用温水冲洗干净备用。

3. 芋头削去外皮，切块后洗净。

4. 锅中倒油，芋头用小火炸至外皮金黄，捞出沥干油分。

5. 砂锅中放水煮开，放入洗净的大米，转小火煮 20 分钟。

6. 放入焯过水的排骨和姜片继续煮半小时。

7. 放入炸好的芋头煮 10 分钟。

8. 加入适量盐和鸡精，撒上香葱，淋入少许香油即可。

梓晴小叮咛

1. 将排骨焯烫去腥的步骤非常重要，如果直接将排骨和粥同煮，喝起来会感觉有腥味。
2. 油炸的芋头很香，但为了更健康，也可以使用蒸熟的芋头。
3. 猪排适合气血不足、阴虚纳差者，肥胖或血脂较高者不宜多食。

生菜碎肉粥

原料

◎ 大米50克，猪肉馅100克，鸡蛋1个，生菜50克，油条1根，浓汤宝1个，生姜1块，香葱2根，盐、淀粉、色拉油适量

步骤

1 大米洗净，生菜切好，油条剪成小段，鸡蛋打散，生姜切丝，香葱切碎。

2 猪肉馅中加入少许盐、淀粉、水、色拉油，混合均匀。

3 锅中加适量水大火煮开，放入大米转小火煮至米即将开花，加入浓汤宝。

4 继续用小火煮，煮至汤汁浓稠，将猪肉馅放入粥中。

5 用筷子慢慢搅匀，煮至肉馅变色。

6 淋入蛋液，打出蛋花。

7 出锅前调入少许盐，撒上香葱即可。

8 先将油条、生菜置于碗中再盛入煮好的粥。

梓晴小·叮咛

1. 如果用薄脆代替油条，味道会更好。如果想让油条的口感更酥脆，也可以将剪成小段的油条放入锅中炸至酥脆再捞出沥干油分。

2. 肉馅放入粥中后，要迅速用筷子搅散，避免结块。

3. 生菜煮久了口感不好，应该洗净切碎直接放入碗中，盛入滚烫的粥后食用。

什锦鱼丸粥

原料

◎ 大米 60 克，鱼丸 50 克，青豆 50 克，香葱 5 克，盐、香油适量

步骤

1 大米洗净，鱼丸切片，香葱洗净切碎。

2 锅中加适量水大火煮开，放入大米转小火煮至浓稠。

3 放入鱼丸继续煮 5 分钟。

4 加入青豆略煮。

5 加入适量盐调味，淋入香油，撒上香葱即可。

梓晴小·叮咛

1. 鱼丸本身有咸味，所以加盐调味时要注意用量。

2. 粥中的鱼丸可以自己制作，也可以去超市购买成品。

3. 鱼丸的制作方法：取适量鱼肉，用刀背剁成肉泥，加入葱姜汁、盐、料酒、味精、酱油、白糖调匀，做成鱼丸即可。

4. 放入青豆是为了加入一些绿色蔬菜，让粥的营养更均衡，也可以放入生菜、小油菜等蔬菜，但煮的时间都不能过长。

滑蛋牛肉粥

　　这款滑蛋牛肉粥中有肉、有菇、有蛋，营养丰富不说，味道更是鲜咸可口，好吃得让你停不了嘴。

 原料

◎ 大米 50 克，牛肉 100 克，香菇 30 克，鸡蛋 1 个（只取蛋黄），生姜 1 块，香葱 2 根，淀粉、盐、白胡椒粉、香油适量

 步骤

① 牛肉洗净切片，加入少许盐、淀粉拌匀。

② 香菇洗净切片，香葱洗净切碎，生姜洗净切片。

③ 砂锅中加入适量水大火煮开，再放入大米转小火煮至浓稠。

④ 依次加入生姜片、香菇煮 2 分钟。

⑤ 放入牛肉片煮至变色，然后调入少许盐和白胡椒粉。

⑥ 加入蛋黄，顺时针搅开，滴入少许香油，撒上香葱即可出锅。

 梓晴小叮咛

1. 牛肉片要尽量切薄一些，而且不要煮太久，以免因过老而影响口感。
2. 如果用泡发的干香菇，泡香菇的水可以用来煮粥，味道更香。
3. 蛋黄要趁粥滚烫的时候搅拌均匀。

皮蛋
鸡丝粥

原料

- 大米 50 克，皮蛋 1 个，杂菌 50 克，鸡肉 30 克，生姜 1 块，香葱 2 根，鸡汤、盐、香油、色拉油适量

步骤

1 大米洗净备用，皮蛋去壳切碎。

2 杂菌、鸡肉用手撕成细丝备用。

3 生姜洗净切丝，香葱洗净切碎备用。

4 砂锅中加入适量水，煮沸后放入大米。

5 滴入几滴色拉油，用勺子搅一下，小心大米糊底。

6 大火煮开后转小火煮至米粒即将开花，加入鸡汤煮至米粒开花、汤汁浓稠。

7 依次加入皮蛋、姜丝、杂菌、鸡肉，煮 10 分钟左右。

8 调入适量盐、香油，撒上香葱即可。

 梓晴小·叮咛

1. 如果用煲好的鸡汤中的鸡肉，就可以直接撕成细丝；如果用的是生鸡肉，则需要提前煮熟后再撕成丝。
2. 在粥中加入一小碗鸡汤，味道更鲜美。
3. 为了节省时间，也可以将生鸡肉去骨切薄片，用少许盐、淀粉拌匀，过沸水焯烫一下，放入粥中同煮。
4. 切皮蛋有很多种好方法，比如，用浸湿的棉线切割，或者在刀上涂抹少许油再切。

五彩水果冰粥

　　夏季喝冰粥，清凉又解暑。酷暑难当时，给家人盛上一碗美丽"冻"人的冰粥吧！冰粥中五颜六色的新鲜水果不仅能带给人视觉上的愉悦感，还能带给人味觉上的享受。更重要的是，选择适当的水果入粥还有清热祛暑、降血压等多种功效。

　　应该选择什么样的水果煮粥呢？除了要考虑自己的喜好外，还要注意水果的属性。天气炎热时，应该选用寒凉类水果入粥。当然，如果是给体质虚寒的人喝的话，则应该选用温热类水果入粥。

原料

　大米 50 克，新鲜水果或水果罐头 80 克，香油适量

步骤

1 大米洗净，用水浸泡至吸饱水分（如果来不及泡，就煮久一些）。

2 水果洗净切块备用，砂锅中加入适量水煮开后加入浸泡好的大米。

3 滴入几滴香油，用勺子搅一下（以免大米糊底），继续用大火煮开。

4 再次煮开后盖好砂锅盖，关火静置。

5 大约半小时后打开砂锅盖，此时米已经快开花了。

6 如果喜欢更软糯的口感，可以将粥再次煮开，然后盖好砂锅盖，关火静置。

7 在煮好的白粥中加入适量冰糖煮至溶化。

8 放至温热，加入水果拌匀，再放入冰箱冷藏。吃的时候可根据个人喜好加入碎冰。

梓晴小·叮咛

1. 根据个人体质选择适宜的水果，寒凉类水果有柑、橘、香蕉、雪梨、柿子、西瓜等；温热类水果有枣、桃、杏、龙眼、荔枝、葡萄、樱桃、石榴、菠萝等；甘平类水果有李子、椰子、枇杷、山楂、苹果等。

2. 不要用砂糖，最好用冰糖，冰糖更能调出鲜味，并且有润肺养颜的功效。也可以放冰淇淋、巧克力或者奶油，但要少放，它们的作用也主要是调味。

3. 建议用水果罐头代替新鲜水果，或者混合使用水果罐头和新鲜水果。但如果没有或不喜欢水果罐头，用新鲜水果也可以。假如用新鲜水果，不要太早放入粥中，建议吃的时候现放。水果最好事先冻进冰箱，这样会更甜哦。

砂锅青菜粥

🥢 原料

◎ 大米 100 克，菜心 30 克，盐、鸡精、香油适量

🥄 步骤

1 大米洗净，用水浸泡至吸饱水分（如果来不及泡，就煮久一些）。

2 砂锅中加入适量水煮开，再加入浸泡好的大米。

3 滴入几滴香油，然后用勺子搅一下（以免大米糊底）。

4 再次煮开后盖好砂锅盖，关火静置。

5 大约半小时后打开砂锅盖，此时米粒已经快开花了。

6 如果喜欢更软糯的口感，可以将粥再次煮开，然后盖好砂锅盖，关火静置。

7 菜心洗净切碎放入粥中，搅拌均匀，然后调入适量盐和鸡精即可。

 梓晴小叮咛

1. 这里所用的煮粥方法充分利用了砂锅的保温性，非常省煤气，却一样可以做出软糯浓稠的大米粥哦。大米用水浸泡之后再煮粥，煮的时候米粒更容易开花，粥的黏稠度也更佳。

2. 这道粥中的菜心可以用小油菜、油麦菜、茼蒿等其他绿叶蔬菜代替，味道同样鲜美。若用菠菜做这道粥，需要将菠菜提前焯水以去掉草酸钙。

3. 直接将青菜放入粥中，口感更清淡，如果用橄榄油将青菜煸炒一下再放入粥中，味道更鲜香。

4. 可以多准备一些肉和其他菜，将煮好的白粥分到若干个小砂锅中，再分别添加不同的材料，这样就可以一次吃到多种不同口味的粥了。

养肝四宝粥

春季万物萌生，正是调养身体的大好时机。按照中医的养生原则，春季应以养肝为先，这样就可避免暑期的阴虚。所以，春季宜喝粥养肝。

另外，由于气通于肝，肝气旺盛将致脾胃功能受到抑制，因此也要同时调和脾胃。那么，这道养肝四宝粥是最适合不过的啦。红枣和枸杞是养肝的首选之物，花生和山药是健脾养胃的佳品，这种组合堪称完美哦！

原料

○ 大米 100 克，山药 150 克，红枣 50 克，花生 30 克，枸杞 5 克

步骤

1 大米洗净，山药去皮切块。砂锅中放入适量水煮开，将大米、花生、红枣一起放入并用大火煮开。

2 转小火煮 40 分钟。

3 加入山药同煮 20 分钟。

4 加入枸杞再煮 5 分钟即可出锅。

梓晴小·叮咛

1. 山药的黏液可能让手非常痒，那是皂角素导致的过敏反应，戴上手套削皮就可以避免。如果已经沾上黏液，可以将手仔细洗干净，然后涂满醋，连指甲缝隙中都要涂，过一会儿这种痒感就会渐渐消失。
2. 山药去皮后容易氧化变黑，切块后马上放进水中即可避免。
3. 不要一开始就放入山药，否则会煮化，出锅前 25 分钟放入即可。
4. 枸杞也不需要煮太长时间，出锅前 5 分钟放入就行。

家常鸡粥

这又是一道做起来简单快捷却又营养丰富、味道鲜美的家常香粥，不妨试一试吧！

原料

◎ 大米 60 克，卤鸡腿 1 个，香葱 1 根，生姜 1 块，盐、香油、白胡椒粉适量

步骤

1. 卤鸡腿去骨后将肉切成条，生姜洗净切丝，香葱洗净切碎备用。

2. 砂锅中加入适量水大火煮开，再放入大米煮开。

3. 转小火煮至浓稠，放入切好的鸡腿肉和姜丝煮 15 分钟。

4. 加入适量盐、白胡椒粉搅拌均匀。

5. 淋入香油，撒上香葱即可。

 梓晴小叮咛

1. 卤鸡腿在市场或者超市里都可以买到，若想节省时间，可以直接去那里买现成的。
2. 鸡腿肉一定要去骨，尽量切细条，这样口感更好。
3. 可以加入少许香菇、冬笋等食材。

百合南瓜粥

原料

◎ 南瓜 250 克，圆糯米 100 克，新鲜百合 1 个，冰糖、黑芝麻、花生仁适量

步骤

1. 圆糯米用料理机搅打成糯米粉。

2. 新鲜百合分成小片洗净。

3. 南瓜去皮切成 1 厘米见方的小块。

4. 砂锅中放入适量水，倒入糯米粉搅拌均匀。

5. 大火煮开后放入切好的南瓜。

6. 再次煮开后转小火煮至南瓜成蓉状。

7. 加入百合和适量冰糖，再煮一会儿。

8. 加入黑芝麻和花生仁即可。

梓晴小·叮咛

1. 将圆糯米搅打成粉，煮出的粥口感更柔滑。
2. 将圆糯米搅打成粉可以缩短煮的时间，但容易糊锅，要用勺子不停地搅拌。
3. 一定要耐心地将南瓜煮成蓉状，细腻的南瓜蓉和糯米粉相融，口感更好。
4. 百合一定要最后放，煮百合的时间过长会影响口感。
5. 加入黑芝麻和花生仁不仅能使粥的口感更好，而且能增加营养。也可以依个人喜好选择其他果仁。

绿豆银耳粥

　　中医认为绿豆有清热解毒、止渴消暑、利尿润肤的功效，所以绿豆自古以来就被视为消暑解毒的良药。银耳既是滋阴的良药，又是餐桌上的美食，被誉为"食用菌之王"。

　　所以，这款绿豆银耳粥特别适合干燥的天气哦。它可以让我们在享受美味的同时达到养生的目的，我们又何乐而不为呢？

原料

○ 大米 100 克，绿豆 30 克，干银耳 20 克

步骤

1 大米、绿豆洗净去杂质，干银耳用温水泡发。

2 银耳去根蒂撕成小瓣。

3 锅中加入适量水煮开，倒入大米和绿豆，用大火煮沸。

4 转小火，加入银耳。

5 煮至绿豆和米粒开花、汤水黏稠即可。

梓晴小·叮咛

1. 如果喜欢吃软糯的银耳，可以将银耳、大米和绿豆同时下锅。
2. 绿豆味甘性凉，具有清热解毒、消暑除烦、止渴健胃、利水消肿之功效，特别适合夏天喝。
3. 这款粥中也可以加入莲子、百合、枸杞等。

香菇肉蛋粥

原料

◎ 大米 50 克，香菇 50 克，肥瘦肉 80 克，芹菜 50 克，鸡蛋 1 个，生姜 1 块，香葱 1 根，蚝油、盐适量

步骤

1 大米洗净后用水浸泡至吸饱水分（如果来不及泡，就煮久一些），肥瘦肉剁碎。

2 香菇去根蒂洗净并切片（如图所示）。

3 鸡蛋打成蛋液并加少许盐，生姜去皮切片，芹菜、香葱洗净切碎。

4 锅中放入适量油加热至八成，倒入蛋液煎至酥黄后盛出备用。

5 炒锅中放入少许油加热，然后放入肉末炒至变色。

6 加入香菇炒软，调入适量蚝油炒匀后盛出备用。

7 锅中加水大火煮开，再放入大米煮开，然后转小火煮至浓稠。

8 依次加入炒好的香菇、肉末、鸡蛋和姜片。

9 煮开以后调入适量盐，撒上芹菜和香葱即可。

梓晴小·叮咛

1. 煮粥时，通常将鸡蛋打成蛋液并淋在粥中打出蛋花，这款粥中的鸡蛋则经过了烹炒，味道更香。
2. 粥中的肉最好选肥瘦肉，纯瘦肉口感太柴。
3. 炒肉和香菇时，用蚝油代替盐调味，味道更鲜美。
4. 芹菜可以提味解腻，非常适合加在肉粥中。

腊八粥

　　吃腊八粥的习俗在我国已流传了千年之久，南北皆然。腊八粥有和胃、健脾、清心、补肺、益肾、利肝、消渴、明目、通便、安神、养血等诸多功效，难怪人们如此钟情于它。

　　煮腊八粥时，可以自己搭配食材。当然，为了方便，也可以买超市已经配好的食材哦！如果自己搭配的话，大米、糯米、小米、红小豆是少不了的，其他材料根据自己的喜好选择就行。

原料

大米 80 克，糯米 80 克，小米 30 克，薏仁 30 克，红小豆 50 克，绿豆 50 克，蜜红枣（或干红枣）40 克，板栗 50 克，花生 25 克，人参果 25 克，莲子 10 克，干百合 10 克，黄晶冰糖 30 克

步骤

1 大米、糯米、薏仁、红小豆、绿豆用清水洗净备用。

2 如果用干红枣，需先用清水洗净，再用温水浸泡20分钟；莲子浸泡后剥去苦心；干百合用温水泡至变软。

3 锅中注入清水，将大米、糯米、薏仁、红小豆、绿豆、花生和莲子放入锅中，大火煮沸。

4 改用文火熬40分钟，其间不时搅动，以免糊底。

5 将小米、百合、蜜红枣（或干红枣）、人参果和板栗放入锅中混合均匀。

6 继续用文火熬20分钟，其间继续不断搅动。

7 待粥香糯黏软时，放入黄晶冰糖，继续加热并不断搅动，使冰糖溶化。

8 粥熬至软糯黏稠（如图所示）即可关火出锅。

梓晴小·叮咛

1. 腊八粥一日三餐均可食用，不过早晨空腹食用最佳。它特别适合消化功能差的人和年老体弱者哦。
2. 红枣也可用温水泡发后去核，煮烂做成枣泥同粥一起煮。
3. 喝腊八粥时不宜同食过于油腻、黏滞的食物。
4. 熬粥时应一次将水加足，尽量避免中途二次加水。
5. 加水熬粥时，也可以加一些牛奶或奶油，味道也很好，但不可加黄油。
6. 煮腊八粥时，不要在粥中加入柿饼类蜜饯同煮，因为这些食材加热后会呈糊状，影响粥的黏性。

干贝鸡丝粥

原料

◎ 糙米 60 克，鸡脯肉 100 克，干贝 10 克，香葱 5 克，盐适量

步骤

① 鸡脯肉放入热水中氽烫至熟并撕成丝。

② 干贝用冷水浸泡半小时，剥成细丝，香葱洗净切碎。

③ 高压锅中加入适量水，放入糙米煮 20 分钟。

④ 将煮好的糙米粥转入砂锅中煮开。

⑤ 加入干贝丝、鸡丝继续煮 5 分钟。

⑥ 撒上香葱，加入盐调味即可出锅。

 梓晴小·叮咛

1. 糙米是稻谷去壳后得到的保留皮层、糊粉层和胚芽的米。糙米营养丰富，与白米相比，它所含的维生素、矿物质与膳食纤维更多，向来被视为健康食品。

2. 糙米口感较粗，煮起来也比较费时，煮前可以将它淘洗后放入冷水中浸泡过夜，然后连浸泡的水一起放入高压锅煮 20 分钟。

3. 这道粥中除了鸡丝，还可以加入白萝卜、海米、海带、皮蛋、肉糜、蟹黄或红枣等，从而做出不同风味的干贝粥。

山楂
消脂粥

原料

◎ 圆糯米 60 克, 山楂 100 克,
冰糖适量

步骤

1 圆糯米用冷水浸泡 2 小时后
沥干水分备用, 山楂洗净去
根蒂备用。

2 砂锅中加入适量水, 大火煮
开后放入圆糯米。

3 再次煮开后转小火, 煮至米
粒开花、汤汁浓稠, 加入山
楂继续煮 15 分钟。

4 加入冰糖调味即可出锅。

梓晴小·叮咛

1. 用糯米代替大米煮粥, 口感会比较软, 但是消化功能不好的人还
是选择大米比较好。

2. 山楂所含的营养成分能增加胃中的酵素, 促进脂肪和胃中油腻食
物的消化, 所以它可是减肥消脂的好帮手哦。

止咳川贝水梨粥

川贝味苦，性微寒，具有清热化痰、润肺止咳、散结消肿的功效。雪梨味甘性寒，具有生津润燥、清热化痰的功效。所以，这是一道特别适合秋天食用的粥。

🥄 原料

◎ 圆糯米 60 克，川贝 5 克，雪梨 1 个，冰糖适量

🥄 步骤

① 川贝用冷水浸泡 1 小时后取出备用。

② 圆糯米用冷水浸泡 1 小时后沥干水分备用。

③ 雪梨洗净削去外皮，剖开去核切片备用。

④ 砂锅中加入适量水，大火煮开后放入圆糯米和川贝。

⑤ 再次煮开后转小火，煮至米粒开花、汤汁浓稠。

⑥ 加入雪梨继续煮 10 分钟。

⑦ 加入冰糖调味即可出锅。

🧂 梓晴小·叮咛

1. 用糯米代替大米煮粥，口感会比较软，但是消化功能不好的人还是选择大米比较好。

2. 梨味甘性寒，入肺经，有清热、化痰、止咳的作用。

3. 川贝是一味中药，有化痰止咳、清热散结的功效。

4. 冰糖主要用来调味，因为川贝非常苦。

5. 这款粥有很好的润肺止咳功效，如果觉得川贝苦，可以适当多加些冰糖调味。

沙茶牛肉粥

◇原料

◎ 大米 60 克，牛肉 100 克，菜心 50 克，生姜 1 块，香葱 2 根，色拉油、盐、淀粉、沙茶酱适量

◇步骤

① 大米洗净，菜心、香葱洗净切碎，生姜洗净切丝。

② 牛肉剁末，加入少许盐、淀粉、水和色拉油混合均匀。

③ 锅中加入适量水大火煮开，放入大米，再次煮开后转小火煮至浓稠。

④ 加入姜丝和牛肉，用筷子慢慢搅匀，煮至牛肉变色。

⑤ 加入沙茶酱，调入适量盐，撒上菜心和香葱即可。

🧂 梓晴小·叮咛

1. 挑选牛肉的时候要注意，正常的牛肉应该是艳红色的，触之有微黏的感觉，而注过水的牛肉是粉红色的，看起来很水嫩，手感比较滑。

2. 如果买的牛肉有薄膜和筋，一定要提前去除。

3. 牛肉提前用水和淀粉拌匀再烹煮的话，口感会更鲜嫩。

4. 煮牛肉的时间宜短，煮至牛肉的颜色变白即可。

5. 沙茶酱不但带有大蒜、洋葱、花生米的复合香味，而且带有虾米和生抽的复合鲜咸味以及轻微的甜味、辣味，非常适合烹煮牛肉、鸡肉、猪肉时使用。

广东鸡茸粥

◎ 大米 50 克，鸡脯肉 100 克，玉米酱 80 克，鸡蛋 1 个，油条 1 根，生姜 1 块，香葱 2 根，高汤、盐、胡椒粉、淀粉、香油适量

步骤

大米洗净，鸡脯肉洗净剁成泥。

鸡蛋加入少许盐并打成蛋液，油条剪成小段，生姜去皮切片，香葱洗净切碎。

鸡肉中加入少许盐、淀粉和水，搅拌均匀备用。

锅中加入高汤，放入大米大火煮开，再转小火煮至浓稠。

加入玉米酱并搅匀。

加入姜片和鸡肉泥搅散煮至变色，加入盐、胡椒粉调味。

淋入蛋液搅散。

淋入香油，撒上香葱和油条即可。

梓晴小叮咛

1. 表面比较干的鸡肉或者水分较多、肉质稀松的鸡肉都不新鲜。
2. 鸡脯肉中的蛋白含量高、脂肪含量低，最好用煮或蒸的方式烹调以保留肉中的营养。
3. 玉米酱可以买现成的，也可以自己用新鲜玉米粒制作。如果使用罐装玉米粒，需要先用水清洗一下，以去除表面附着的防腐剂。

糙米蔬菜粥

原料

◎ 糙米 60 克，口蘑 50 克，玉米粒 50 克，胡萝卜 50 克，西蓝花 50 克，盐、鸡精适量

步骤

1 口蘑洗净，每朵切成 4 瓣。

2 糙米提前用清水浸泡 4 小时以上，胡萝卜去皮切片，西蓝花洗净切小朵。

3 高压锅中加入适量水，放入糙米煮 20 分钟。

4 将煮好的糙米粥转入砂锅中，加入口蘑和胡萝卜片煮 5 分钟。

5 加入西蓝花和玉米粒继续煮 2 分钟。

6 加入盐和少许鸡精调味即可。

梓晴小·叮咛

1. 糙米口感较粗，质地紧密，煮起来也比较费时，煮前可以将它淘洗后放入冷水中浸泡过夜，然后连浸泡的水一起放入高压锅中煮。

2. 如果没有糙米，也可以用大米代替，汤汁会更浓稠，但营养价值没有糙米粥高。

3. 蔬菜粥中用的蔬菜品种多，但量不大，可以尝试用家中剩的碎菜煮这款粥。

4. 粥中的蔬菜并不局限于这几种，原则上什么蔬菜都可以放，但耐煮的要先放，绿叶菜等要最后放。

皮蛋瘦肉粥

原料

大米 50 克,瘦肉 100 克,皮蛋 2 个,油条半根,生姜 1 块,香葱 2 根,盐、料酒、淀粉、香油适量

步骤

1 大米洗净;瘦肉切丝,加入少许盐、料酒、淀粉拌匀,腌渍 15 分钟。

2 一个皮蛋切碎,另一个切小块;油条剪成小段;生姜切丝;香葱切碎。

3 锅中加入适量水煮开,放入腌好的肉丝,用筷子拨散,煮至变色捞出。

4 砂锅中加入适量水,大火煮开,放入大米再次煮开。

5 转小火煮至米粒即将开花,加入皮蛋碎继续煮。

6 煮至米粒开花、汤汁浓稠,放入姜丝、肉丝和皮蛋块继续煮 10 分钟。

7 调入适量盐,撒上香葱和油条,淋入香油即可出锅。

梓晴小·叮咛

1. 皮蛋瘦肉粥的做法很多,我介绍的是大众版的,不讨论正宗与否,只分享制作心得。

2. 皮蛋瘦肉粥浓稠鲜美,在制作过程中,焯烫去腥的步骤非常重要,否则做好的粥会有腥味。做这款粥通常都用瘦猪肉,如果改用牛里脊和鸡肉,味道也很好。

3. 切皮蛋有很多很好用的方法,比如,可以用浸湿的棉线切割,或者在刀上涂抹少许油再切。

4. 大米用水和香油浸泡之后再煮粥,更容易开花,粥的黏稠度也更佳。

5. 煮这款粥时,皮蛋应分两次放,第一次放皮蛋是为了将它煮化,让它的味道更好地渗入粥中。出锅前 10 分钟再放另一半皮蛋,是为了使粥更好喝。

PART 5

滋味甜汤

Ziwei Tiantang

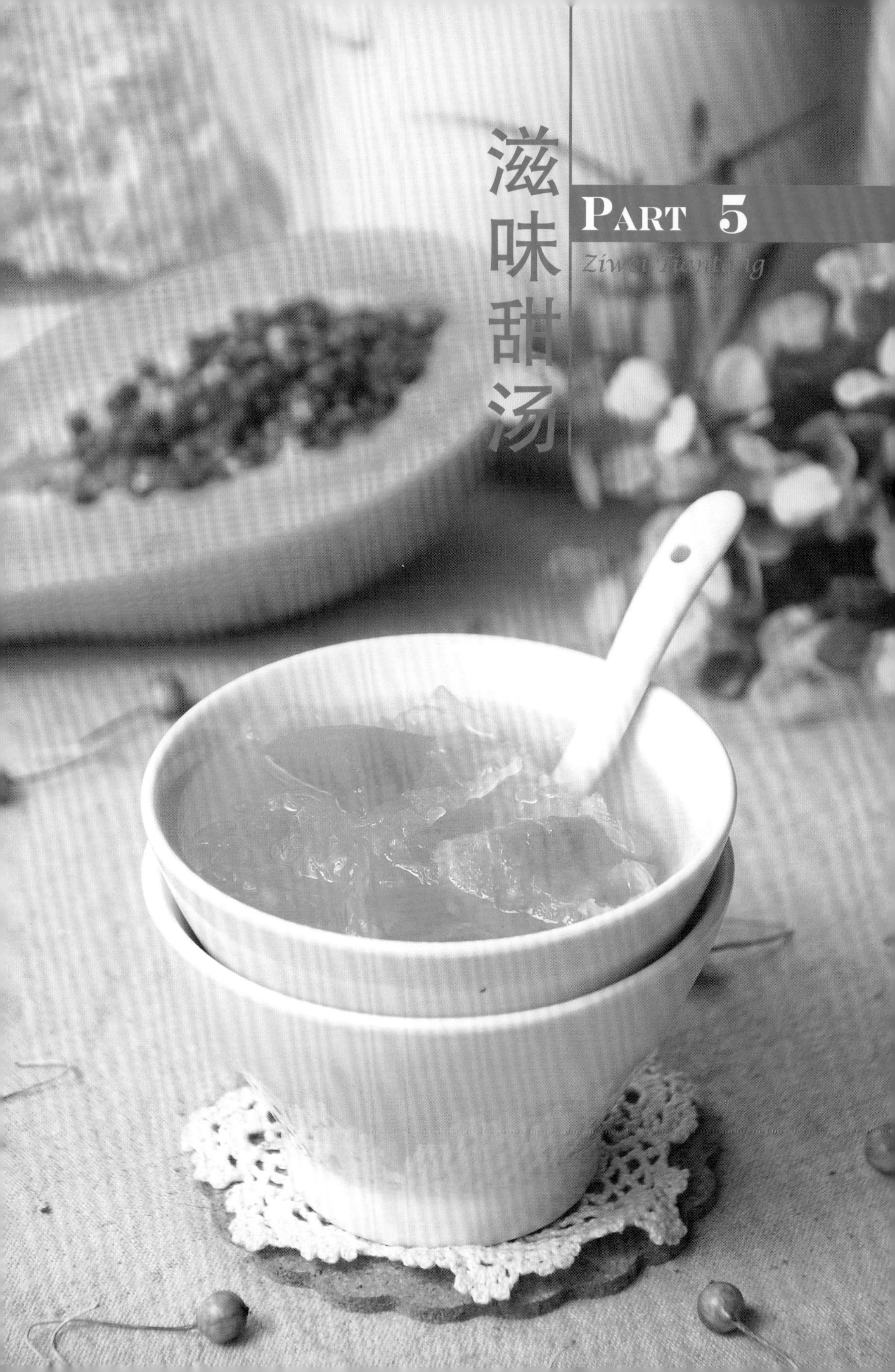

银耳莲子百合汤

原料

干银耳 25 克，新鲜百合 1 个，
莲子 10 克，枸杞 5 克，大枣
10 颗，桂圆 6 颗，冰糖适量

步骤

1 干银耳用温水泡发，去根蒂并洗去杂质，撕成小朵。

2 桂圆去壳，洗净备用。

3 莲子去芯，洗净备用。

4 新鲜百合掰成小片，洗净备用。

5 砂锅中放入适量水、银耳、莲子、大枣，大火煮开。

6 转小火煮至汤汁浓稠，大约煮1.5小时。

7 加入枸杞和桂圆继续煮半小时。

8 加入百合继续煮10分钟。

9 加入冰糖调味即可。

梓晴小·叮咛

1. 优质银耳呈乳白色或米黄色，略有光泽和清香，肉肥厚，无杂质。变质银耳千万不能食用，否则会中毒。
2. 银耳浸泡的时间可略微长一点儿，这样煲的时候比较省时间。
3. 莲子不需要提前浸泡，因为在煲的2小时中，莲子完全可以熟透软烂。如果用提前浸泡过的莲子，最后会过于软烂，不成形。
4. 放多少冰糖要根据自己的喜好而定；如果喜欢蜂蜜，放蜂蜜也可以。
5. 夏天做好后可以放入冰箱冰镇后再食用，冰凉透心，十分舒爽。

银耳南瓜汤

原料

◎ 干银耳20克，南瓜300克，红枣30克，冰糖适量

步骤

1 南瓜去皮切小块备用。

2 干银耳用温水泡发，去根蒂并洗去杂质，撕成小朵。

3 砂锅中放入适量水、红枣和泡发的银耳，大火煮开。

4 转小火煮半小时。

5 加入南瓜继续煮20分钟。

6 出锅前放入冰糖调味即可。

梓晴小·叮咛

南瓜要选褐色皮、红色瓤的，这样的南瓜最甜、最糯。

银耳木瓜糖水

木瓜中含有丰富的维生素 A、维生素 C 和纤维，其中的水溶性纤维具有平衡血脂、消食健胃的功效。另外，木瓜还有丰胸的作用哦！银耳性平味甘，有滋阴润肺、养胃生津、益气补脑等功效，还可以嫩肤美容。据说，银耳的功效和燕窝差不多呢！所以，我真的超级爱吃银耳。

原料

◎ 干银耳 20 克，木瓜半个，冰糖适量

步骤

㊀ 木瓜去皮去瓤，切块备用。

㊁ 干银耳用温水泡发，去根蒂并洗去杂质，撕成小朵。

㊂ 砂锅中放入适量水和泡发的银耳，大火煮开。

㊃ 转小火煮半小时。

㊄ 放入切好的木瓜和冰糖煮开，煮至冰糖溶化即可。

梓晴小·叮咛

1. 木瓜要最后放，煮久了会过于软烂，不成形。
2. 这道糖水很适合夏天冷藏后食用。

135

番薯糖水

番薯糖水的做法貌似很简单，只需要将番薯去皮、洗干净、放入水中煮熟、加入冰糖就可以，但是很多人常常将薯块煮烂，导致糖水中有沉淀的番薯粉，不够清透。

现在你只需要依照下面的步骤和"梓晴小叮咛"中的注意事项去做，就能煮出薯块粉韧、汤色清透、入口清甜香滑的番薯糖水，热吃冷饮，都别有风味。

原料

◎ 番薯 300 克，新鲜百合 1 个，生姜 1 块，花生油、冰糖适量

步骤

◊ 番薯去皮切块，放入水中浸泡 4～6 小时，其间换水。

◊ 捞出沥干水分备用。

◊ 新鲜百合瓣成小片，洗净备用；生姜去皮，用刀拍松。

◊ 砂锅用中火烘热，倒入少许花生油。

◊ 将拍松的生姜和番薯依次下锅略炒。

◊ 加入适量清水煮至番薯酥软。

◊ 放入百合和冰糖，煮至冰糖溶化即可。

🧂 梓晴小·叮咛

1. 应避免让番薯接触铁器，最好用竹刀或者不锈钢刀片去皮。
2. 番薯切块后，用清水浸泡 5 小时左右，浸泡期间要勤换水，这样能让番薯中的果胶充分溶解。
3. 番薯泡好后要取出沥干水分。
4. 做这道糖水时，最好用砂锅，先烘热锅底，再用少许油把拍松的老姜爆透，然后把薯块炒一下，加清水煮熟。

冰糖莲子
绿豆沙

原料

◎ 绿豆 200 克，莲子 40 克，冰糖 80 克

步骤

1. 绿豆浸入冷水中，搅拌一下，捞出漂在水面的，其余的浸泡 2 小时。

2. 莲子去苦芯洗净，放入水中浸泡。

3. 泡好的绿豆和莲子放入高压锅，加入足量冷水，调节至煮粥档煲 20 分钟。

4. 将煮好的莲子捞出盛入碗中备用。

5. 绿豆放入搅拌机中搅打成绿豆沙。

6. 将打好的绿豆沙倒入砂锅，加入冰糖，煮至冰糖完全溶化。

7. 加入莲子，再次煮开即可。

 梓晴小·叮咛

1. 用冷水浸泡绿豆的时候，会有一些绿豆漂浮在水面上，这些绿豆都被虫蛀了或品质不良，用这个方法可以轻松挑出来。

2. 如果想口感更细腻，也可以把绿豆沙过细网筛，清除较粗的颗粒。

3. 冰糖也可以用炼乳代替，这样制作出来的绿豆沙会带有浓浓的奶香，味道也很好。

酒酿紫薯珍珠小丸子

紫薯不仅营养丰富，还富含硒和花青素，硒是抗癌物质，而花青素是一种有机活性抗氧化物，能够抗癌防老化。

> ⟩原料

ⓒ 紫薯 80 克，糯米粉 80 克，
酒酿 200 克，牛奶 40 毫升，
砂糖适量

步骤

1 紫薯洗净去皮切厚片，放入蒸锅中蒸熟，取出后压成泥备用。

2 取 10 克糯米粉，加入 10 毫升牛奶。

3 将糯米粉与牛奶的混合物揉成软硬适中的光滑面团。

4 将糯米团放入沸水中煮熟后捞出。

5 将紫薯泥、70 克糯米粉、30 毫升牛奶和煮熟的糯米团混合均匀。

6 将混合物揉搓成光滑的面团（如图所示）。

7 将揉好的面团分成小剂子，再揉搓成小丸子。

8 小锅中放入适量水煮开，放入揉搓好的紫薯丸子。

9 待紫薯丸子全部浮起，加入酒酿和适量砂糖即可。

梓晴小·叮咛

1. 紫薯富含纤维，紫薯泥过筛后口感会更细腻。
2. 提前将少量糯米粉揉成团煮熟，再加入余下的糯米粉和牛奶，做出的丸子会更软糯，不容易散开。
3. 紫薯丸子浮起即熟，加入酒酿和砂糖即可出锅。

椰汁木瓜炖燕窝

燕窝含有丰富的水溶性蛋白质、碳水化合物、微量元素以及氨基酸。木瓜含有丰富的木瓜酶、维生素C、维生素B以及钙和磷等矿物质，不仅营养丰富，还具有促进人体新陈代谢、抗衰老和美容养颜的功效。

原料

- 燕窝 10 克，熟木瓜 1 个，椰汁 50 毫升，冰糖 15 克，枸杞适量

步骤

1 燕窝清洗干净，放入小碗中，倒入矿泉水泡 1 小时。

2 待燕窝泡软后清理其中的杂物，倒掉浸泡燕窝的水。

3 倒入矿泉水（水量以没过燕窝为宜）再浸泡 3 小时，泡至燕窝发大且通透。

4 用手顺着纹理将泡好的燕窝撕开。

5 将燕窝放在筛子中，用清水冲洗半分钟。

6 将浸透并洗净的燕窝放入炖盅内。

7 倒入适量椰汁（椰汁提前加热至80℃左右），然后盖好盖子。

8 将炖盅放入不锈钢锅，锅内注入沸水，水位至炖盅一半高度即可。

9 盖上锅盖用慢火炖（燕窝的品种不同，炖的时间也不一样，我用的这种浸泡4小时，炖半小时）。

10 加入枸杞、木瓜块和冰糖继续炖10分钟。

11 如果想让成品更漂亮一些，也可以将木瓜刻成木瓜盅。

12 将燕窝、枸杞和冰糖一起放入木瓜盅。

13 上锅蒸10分钟即可。

🧂 梓晴小叮咛

1. 燕窝一定要用清水泡透，并仔细清理上面附着的杂物，否则会影响成品的口感。
2. 燕窝一定要隔水炖，切不可直接将炖盅放在火上炖。
3. 椰汁也可以换成清水或牛奶，味道一样好哦。
4. 除了木瓜，也可以根据个人口味加入银耳、红枣、桂圆、雪梨等。

年糕红豆沙

原料

红豆 200 克，年糕 2 根，冰糖适量

步骤

1 红豆清洗干净后用清水浸泡 2 小时，年糕切片备用。

2 锅中放入清水煮开，再放入泡好的红豆。

3 大火煮开后转小火炖 2 小时。

4 转大火继续煮半小时，煮至红豆起沙。

5 加入年糕片和冰糖，煮至年糕软糯即可。

梓晴小·叮咛

1. 用糯米做的年糕和红豆沙是最完美的组合哦。
2. 如果时间不允许，红豆不提前用冷水浸泡也可以，只不过煮的时间要长一些。注意，千万不要用开水浸泡。
3. 在用大火煮红豆至起沙的过程中要不停地搅拌。
4. 在熬煮豆沙的过程中，中途可以加水，冷水和热水都行，添加的比例视豆沙的浓稠度而定。
5. 冰糖要在最后放，否则红豆不容易煮烂，冰糖的多少根据自己的口味而定。
6. 这款豆沙冬天热食非常好，若是夏季食用，可以先放入冰箱冷藏 2 小时再食用，这样口感更佳。如果有刨冰机，也可以打一些碎冰放入其中，这样更加冰凉爽口。
7. 也可以根据个人喜好放入莲子、百合。

奶香玉米甜汤

原料

🍃 牛奶 500 克，罐装玉米粒 50 克，冰糖 20 克

步骤

➊ 牛奶倒入小锅。

➋ 加入适量冰糖煮至溶化。

➌ 放入玉米粒煮开。

➍ 转小火待泡沫落下。

➎ 转大火煮开，然后再转小火待泡沫落下，如此反复 2 ~ 3 次即可。

 梓晴小·叮咛

1. 这款甜汤中的牛奶也可以根据个人喜好换成清水或椰汁。
2. 这款甜汤冷热两吃均可，夏季放入冰箱冷藏后风味更佳。
3. 如果用生玉米粒，要提前放入沸水中煮 5 分钟，确定已煮熟后再放入牛奶中。
4. 如果希望口感更细腻，可以将玉米粒放入搅拌机中搅打成浆并过筛。

杏仁水果西米露

原料

西米 100 克、草莓、黄桃、猕猴桃适量（其他时令水果亦可），杏仁露（牛奶、椰奶亦可）1 罐

步骤

1 西米洗净放入沸水中，煮开后充分搅拌。

2 煮至中间尚有小白芯关火。

3 盖上锅盖焖 5 ~ 10 分钟。

4 把煮好的西米过凉水。此时的西米就像一颗颗小珍珠，非常漂亮。

5 草莓、黄桃洗净切块，猕猴桃去皮切块。

6 将各种水果和西米放入容器中，倒入杏仁露即可。

 梓晴小叮咛

1. 西米要沸水下锅，煮开后要充分搅拌，这样它会慢慢变透明，而且不容易糊底。
2. 西米是人工米，质地比较疏松，所以煮前不要用冷水泡，这样煮的时候才能保持原形。
3. 煮好的西米最好马上过凉水，以保持爽滑的口感。
4. 西米有美容养颜、缓解压力和健脾胃的功效，适合脾胃虚弱、元气不足、消化不良、神疲力倦之人食用。

海带
绿豆糖水

绿豆清热去火解毒，海带则是理想的排毒养颜食物，所以这款糖水特别适合夏天食用。

原料

绿豆 150 克，海带结 50 克，陈皮 5 克，冰糖适量

步骤

1 绿豆洗净，海带结用清水反复清洗以去除多余盐分，陈皮洗净。

2 砂锅中放入适量水煮开后，放入绿豆、海带结和陈皮。

3 大火煮开后转小火煮 2 小时。

4 调入适量冰糖。

5 煮至糖水细腻黏软即可。

梓晴小叮咛

1. 海带带有许多盐分，下锅前一定要用清水反复清洗。
2. 陈皮可以少放一些，但一点儿都不放就会逊色很多哦。如果没有，用香草代替也可以。
3. 如果希望海带吃起来更有韧劲，可以在最后半小时放入。

什锦水果羹

原料

◎ 苹果、梨、香蕉、橘子各50克，冰糖、水淀粉适量

步骤

1 苹果、梨、香蕉、橘子去皮去核，切好备用。

2 锅中加入适量水，先放入苹果和梨煮5分钟。

3 加入香蕉和橘子略煮。

4 加入适量冰糖和水淀粉熬煮。

5 熬至汤汁黏稠（如图所示）即可。

梓晴小叮咛

1. 香蕉煮得太久就会变成糊状，如果想让汤汁清澈，可以最后放入香蕉稍煮片刻。
2. 橘子最好选没核的，如果选用有核的橘子，可以提前将核剔出。